JN171201

SNEAKERS THE COMPLETE COLLECTORS' GUIDE

First published in the United Kingdom in 2005 by Thames & Hudson Ltd, 181A High Holborn, London WC1V 7QX

www.thamesandhudson.com

Published by arrangement with Thames & Hudson, London.

This edition first published in Japan in 2015 by GAIABOOKS, Tokyo

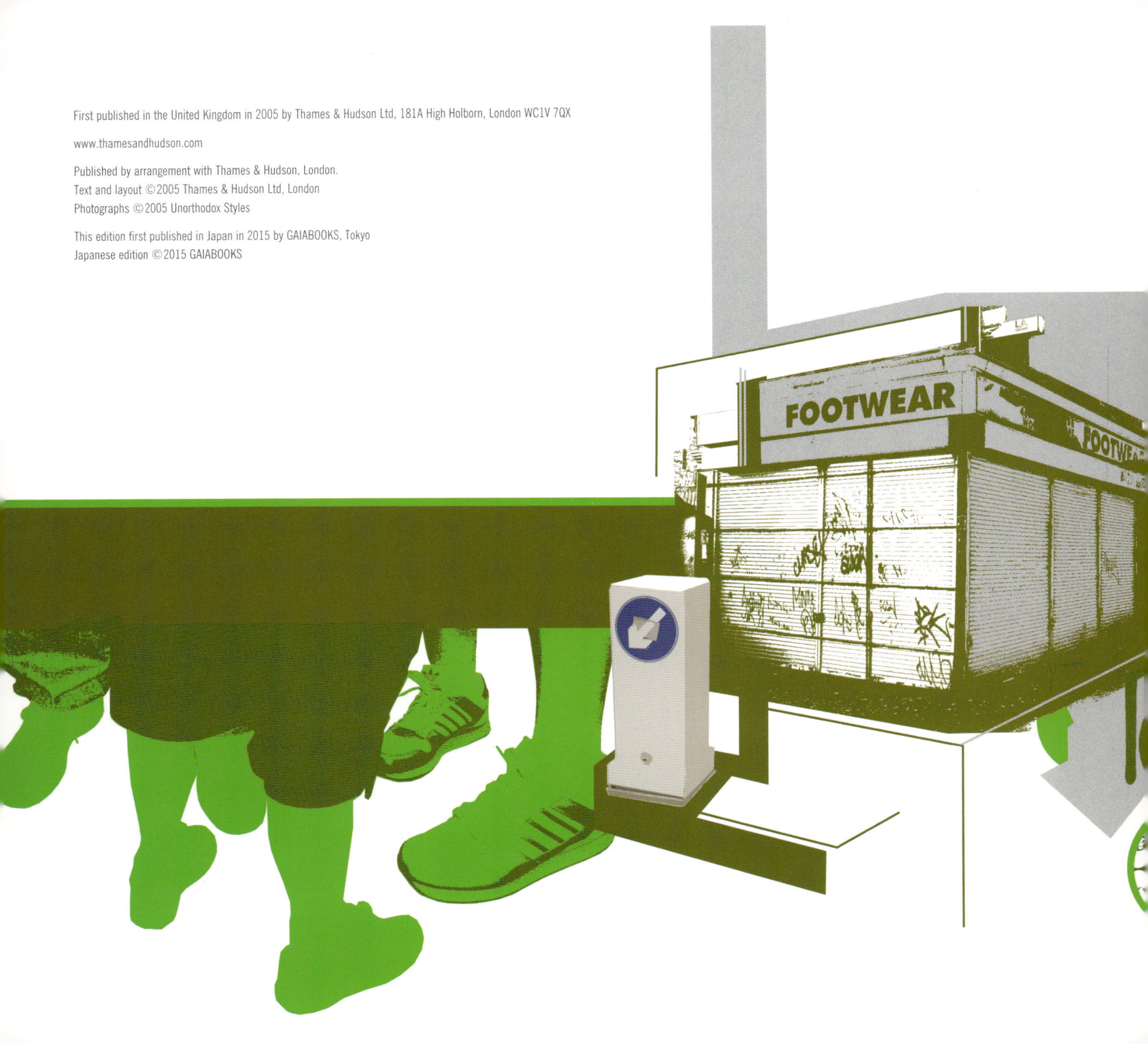

スニーカー

入手可能なベストアイテムの完全コレクターズガイドの決定版！

アンオーソドックス・スタイルズ　文・デザイン

田口　未和　訳

目次

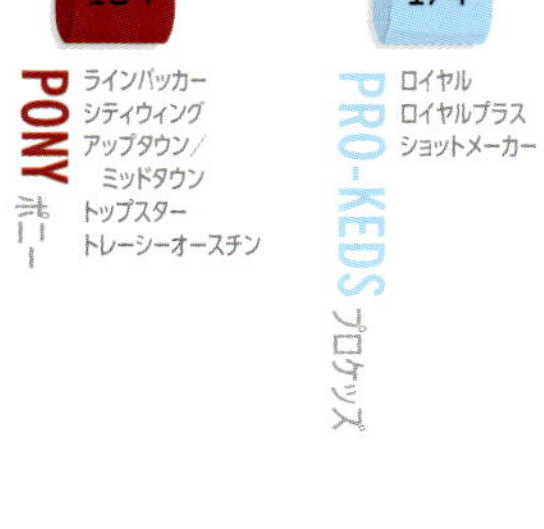
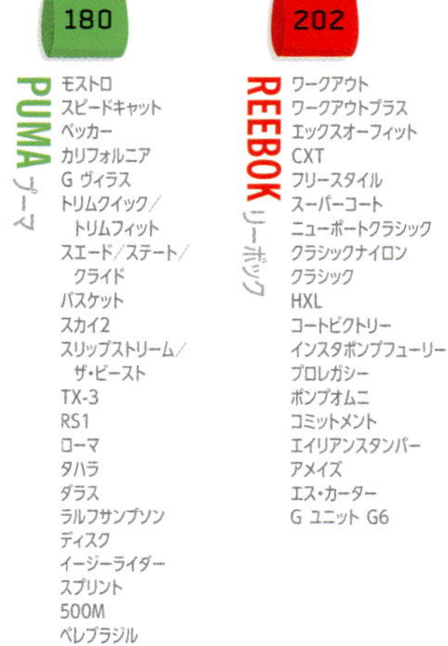

ANTARCTICA

はじめに

デザイン・カラーバリエーションの、新しいスニーカーファッション文化。

スポーツシューズの収集、より正確にいえばスニーカー文化への関心は、熱烈な「スニーカーフリーク」たちの狭い世界で始まり、やがてメインストリーム現象として花開いた。今ではどのスポーツシューズ店に足を踏み入れても、最新のデザインから正統派クラシック、限定モデルからいわゆる「レア」商品まで、無数のカラーバリエーションのスニーカーが目の前に並んでいる。スポーツの領域からファッションのマストアイテムとしてポップカルチャーへとなだれ込んだスニーカーは、人種と階級の垣根を越えるとともに、現代の都市種族の中で自分が何者であるかを定義するものとなった。この現象を主流ブランドが見逃すはずはなく、綿密な戦略のもとで特定のデザインや色のモデルを特定の地域だけで発表し、あるいは再リリースすることでコレクター市場を潤してきた。ステューシーやエヴィスのようなカルト的人気のファッションレーベルとのコラボレーション企画で限定モデルを発表すれば、リリースから数時間で売り切れるほどの勢いだ。

本書の編集を始めたとき、これまでとは少しばかり異なるアングルからスニーカーというテーマに取り組む必要があることはわかっていた。「文化を深く掘り下げる」アプローチの代わりに、私たちはあくまでもシンプルな考えで進もうと考えた。ブランドの歴史に「誰が」「何を」「どこで」「なぜ」という背景を織り交ぜたスニーカーの百科事典を作るという方向性だ。目標は、スニーカー文化に関心を持つすべての人、つまりデッドストックを集めている本格的なコレクターから、自分のことをコレクターとは思っていないけれど、なんだかんだスニーカーは20足持っているというファン（スニーカーで自分らしさを表現している人たち）まで、すべての人に情報源として活用してもらえる本にすることである。そのため本書では、読む人すべてが楽しめ、興味を持ってくれるようなモデルや裏話を集めることにした。

もちろん、これまで発売されてきたシューズは数にして数千モデルはあるはずだから、そのすべてを含めることはできない。そこで、その中から世界に足跡を残したと思う180ほどのデザインを選び出した。今も販売されているクラシックデザインから、ファンの要望に応えて再発売された伝統のスニーカー、あるいは驚きの革新的テクノロジーが組み込まれたモデル、最新のデザイン、今あらためて評価しなおすべき忘れられた名品まで、対象は幅広い。

スニーカー文化そのものも多様な背景から生まれたものだ。そして、本書でこれから見ていくように、さまざまな音楽ジャンルやサブカルチャーとも密接に結びついてきた。音楽との関係はスニーカー文化発達の無視できない要素のひとつだろう。たとえばパンクやアシッドジャズは独自のスタイルでスニーカーを取り入れた。ヒップホップはシューズがその文化の一部になった音楽ジャンルで、多くのラップ曲が特定のモデルやブランドを自分たちのお気に入りとして明言している。そして、そうしたブランドの多くは宣伝効果を期待して、ヒップホップシーンのキーパーソンに商品を提供している。

スケートボードのような都会派のX（エクストリーム）スポーツも、スニーカー世界に大きく貢献してきた。これらのサブカルチャーはそのスポーツ特有の動きに関連したテクノロジーを強調する専用のシューズを発達させた。

もちろん、主流スポーツだって同じくらい重要な役割を果たしている。コンバースの「オールスター」（p.70～71）やアディダスの「スーパースター」（p.28～29）など、誰もが知る定番モデルの多くは、バスケットボール用のシューズを想定してデザインされた。バスケットボール人気の高まりは、スニーカー人気の高まりと深く結びついている。バスケットボール界のスーパースターや大物タレントは大勢のファンを集め、これらのファンたちはスポーツそのものよりシューズに夢中になることもあった。ナイキはコンバースやプロケッズのようなどっしり構えた重鎮と比べるとストリートの新人といったところで、おそらくどのブランドよりもファンがスニーカーに夢中になる心理や、プロのゲームと都会の若者たちの結びつきを理解してきた。そして、一流選手を起用した宣伝とプロモーションを通してNBA人気をアメリカから世界へと広げた。世界のどこに行っても、バスケットボールの試合は一度も見たことがないが、マイケル・ジョーダンが誰かは知っている人たちが大勢いる。

主流ブランドはつねにトレンドにすばやく反応し、少しでもライバルに先んじようと競い合ってきた。たとえば、1980年代に路上でのスケートボードがブームになると、アディダスは「スーパースケート」(p.30〜31)を発表した。同じように1980年代初めにエアロビクスがフィットネスブームの主役になると、リーボックが「フリースタイル」(p.209)を発表し、これまでで最も成功したスニーカーのひとつになった。スニーカーのコレクター市場も同じような発達を見せた。ブランドは需要にすばやく反応するが、新製品発表のタイミング、ロケーション、販売数は注意深く計算する。熱心なスニーカーファンはこれによってさらに収集熱を刺激され、商品によってはほとんど神話的ともいえるアイデンティティを発達させたものもある。うわさや伝聞、ときにはブランドが故意に生み出す神話がコレクター世界の一部になっている。

それでは、このすべてはいったいどこで始まったのだろう? 最初のスニーカーはどこで生まれたのだろう? これについてはまだ結論は出ていない。古いブランドということなら、コンバースかプロケッズのどちらかだろう。コンバースの「チャックテイラー・オールスター」は1923年の発売で(実際は1917年だが、チャックテイラーの名前ではなかった)、プロケッズは1917年に「ケッズ」の名で設立された。シューズのソール部分に加硫ゴムを使うテクノロジーが生まれたのは19世紀末のことだ。初期のスニーカーはメーカーが工場の他の製造ラインで余ったゴムを有効利用しようとして作られたものだった。これらの初期のデザインは時代の霧の中に姿を消してしまったので、本書では本当にクラシックと呼べるもので入手可能なブランドとデザインだけに集中することにした。このように始まりは慎ましやかなものだったが、スニーカーは他のフットウェアのデザインやファッションには見られない形でゴムとプラスチックの加工技術を取り入れ、ひとつの産業として大きく花開いた。

最近のスニーカーに取り入れられている技術をざっと見てみると、大学で化学を専攻した人たちへの試験かと思うような幅広い種類のプラスチックやゴムが登場する。多くのスニーカーで使われているのがEVAとTPUで(教室の最前列でノートをとっていたあなたなら、エチレン酢酸ビニールと熱可塑性ウレタンだとわかるだろう)、とくに動きの制御に関わる部分によく使われる。ランニングシューズを履く人がけがをしたくないと思うなら、この素材は欠かせない。プロが試合で履くバスケットボールシューズは痛みが激しいので、多くのテクノロジーとデザインの進歩を促し、新たな素材や、射出成型のような製造方法が次々と試されるようになった。それに加えて大量の特許技術が編み出され——それとともにエア、ポンプ、ディスク、トルションのようななじみのある用語も生まれた——、今では初期のキャンバス素材のアッパーにゴムのソールというシンプルなものとは比べ物にならないほど多様なデザインのシューズが手に入る。

スニーカー収集の始まりを知るのは実は簡単で、企業が複数のモデルを発表し、さらにひとつのモデルに対して複数の色の商品を発表するようになったことがきっかけだった。ブランドロイヤルティ(特定のブランドへの忠誠心)がコレクターにとって大きな意味を持ち、彼らはしばしばひとつのブランドの中でも特定のデ

リーボック ポンプオムニ(P.223)

ナイキ エアジョーダンⅠ(P.148-149)

アディダス ZX700（P.54）

ザインのものにこだわる。 商品の幅が広がるにつれ、自分が好きなモデルと色のスニーカーを買い込むようになり、コレクションの幅も広がっていった。 新しいスニーカーを買ったときに、それまで履いていたものを捨てずに手元に残しておいたために、コレクションがどんどん増えていったという人もめずらしくない。やがて、こうした初期のコレクターたちは、これらの古いモデルがときにはかなり高い値をつけることに気がついた。 世界中にいるこれらの初期のコレクターは、特定のサブカルチャーと結びつけられることも多かった。 アメリカでは、1960年代後半からのスニーカーシーンの中心はバスケットボールで、セレブのお墨付きを得たモデルやチームカラーに合わせたモデルに、ファンは目の色を変えた。 1980年代初めのイギリスでは、土曜日ごとに集まってくる「サッカーカジュアル」の若者たちがスニーカーシーンの中心となり、彼らはしばしばフランス、ドイツ、イタリアまで旅して自国では手に入らないアディダスやプーマの希少モデルを探し歩いた。 日本では1980年代後半から若者たちの間にスニーカー文化が広まり、主要ブランドの重要な市場のひとつになった。 ナイキのスウォッシュがついたスニーカーを何としてでも手に入れようとする日本のファンの姿は、もはや伝説だ。 これらのファンすべてに共通しているのはスニーカーへの愛情で、それはスニーカーが“クール”なだけでなく、そのブランドやデザインが彼らのアイデンティティに欠かせないものになっているからだ——あなたが何者かは何を履いているかで決まる。

もちろん、コレクターは一人ひとり異なる。 誰かが自分のコレクションに加えたいと思うものは、別の誰かにはまったく興味のないものかもしれない。 スニーカーの値段はコンバースの「オールスターズ」の新品50ドルから、アディダスの「ジャバー」（p.22）のような限定モデルや希少なオリジナルの1000ドルを超えるものまで幅広い。 コレクターの中には、スニーカー世界でカルト的なセレブになった人たちもいる。 たとえばヒップホップ界の重鎮ボビート・ガルシアはスニーカーの権威としても認められている。

近年になって、スニーカーを売る店舗も売っているスニーカーの数も劇的に変化した。 クラシックモデルの復刻版が次々とリリースされ、世界的チェーン店が大きな都市や町の中心部にある店舗にかつてないほどのラインナップを揃えるようになった。

インターネットもますます重要な役割を果たしている。 一部のウェブサイトはオンラインショップやオークションハウスとして機能し、レアアイテムやプレミア付きのデザインを求める入札者を夢中にさせている。あるいは豊かな情報を提供するサイト、ユーザー同士が情報を交換・共有する活発なコミュニティを抱えているサイトもある。 ブランドは自社製品のコアの消費者を維持するためにも、新しいトレンドを突き止めるためにも、これらのウェブサイトを訪問してモニターすることが欠かせなくなった。

スニーカーは100年以上前のささやかな起源から、今ではいくつもの世界的ブランドが競い合う市場へと成長し、ポップカルチャー、スポーツ、ファッションを支えるアイテムとしてファンの基盤はますます拡大している。 それでは、そろそろシューズの紹介を始めることにしよう。

ニューバランス　576（P.92-93）

スニーカーを解剖する

スニーカーは形もサイズも、そのデザインはさまざまだ。しかし、重要な部分に関しては、いずれも優れたシューズにするために必要な基本的パーツを備えている。このページはスニーカーの各パーツの目的を説明するとともに、間違えやすい専門用語のいくつかの用語集としても使えるようにした。

1. トウボックス
この部分にレザーが使われる場合には、通常は通気穴を開けている。ランニングシューズにはナイロンが使われる。熱を持たないように通気をよくしている。

2. ミッドソール
アッパーとアウトソールの間の部分。シューズ製造のテクノロジーの大部分がこのパーツに集中する。

3. アウトソール
一般には摩耗に強いゴムが使われる。ブランドはシューズの用途に応じてアウトソールのデザインを変える。バスケットボールシューズのほとんどはここに支点が置かれ、フォアフット部には円形のパターンが用いられる。アウトソールはアッパーに縫いつけられるか接着されるかしている。

4. フォアフット
シューズの前側。親指の付け根にあるふくらみ部分の真下にあたる。メーカーは動きを楽にするために、この部分に柔軟性を持たせたデザインにする。

5. ヒール
シューズの後ろ側。メーカーはつねにこの部分のクッション性の改善に集中的に取り組む。

6. アイレット
アイステイとも呼ばれる。ひもを通すスピードを速めるため、あるいは安定性を高めるために使われる。

7. インソール
ソックライナーとも呼ばれる。クッション性を増すためのもので、かかととアーチ部分を支え、安定性を高める。

8. タン
最近のシューズでは、インナースリーブと呼ばれることもある。シューズを足によりよくフィットさせ、サポート性を高める。

9. シューレース（靴ひも）
シューズをあるべき状態に整える。

10. ヒールパッチとサイドパネル
通常はメーカーによってブランド化される重要な場所。

11. アンクルカラーまたはアンクルサポート
快適さとサポート性を高めるために強化されたりパッドが入れられたりする。ハイカットのバスケットボールシューズではとくに重要だ。

専門用語集

3Mスコッチライト　夜でも明るく輝いて見える反射性の装飾。

a3テクノロジー　アディダスがヒールやフォアフットに使っているゴム化合物のクッショニングシステム。

ACG(All Condition Gear=全天候型ギア)　ナイキが使っている用語で、屋外トレーニング用のシューズを指す(このカテゴリーのスニーカーにはACGのロゴが入っている)。

エア　ナイキの登録商標。加圧型の(ときには調整可能な)エアパッドで、衝撃を吸収する。

APS(Antipronation and Shock Absorption System)　アディダスがヒール部分に使っている調整可能な衝撃吸収システム。

クライマクール　アディダスの登録商標。足の周りに360度の通気性を与えるテクノロジー。

デッドストック　新品のまま保存されたヴィンテージシューズを指す言葉。

デリンジャーウェブ　アディダス製品の網の目のような素材で、ミッドソール部分を包んで安定性と衝撃吸収性を与える。

ドゥーロメッシュ　アッパーに使われる通気性のある素材。

ENCAP　ニューバランスが開発した安定装置で、EVA(エチレン・ビニル・アセテート)をポリウレタン素材で挟み込み、衝撃を分散させる。

EVA(エチレン・ビニル・アセテート)　ミッドソールのクッション性と衝撃吸収を高めるために使われる軽量素材。

フェダーバイン　プーマが開発したテクノロジー。V字型のゴムが地面へのグリップとクッション性を高める。

ギリー　アディダスが使っているD字型のアイレット。

ヘクサライト　リーボックがヒールと一部のフォアフットに使っているクッショニングシステム。蜂の巣型をしていて衝撃を広範囲に分散させる。

ラスト　シューズを複数のサイズと形状で製造するための、3Dの足型。

マルチディスク　アディダスがバスケットボールシューズに使っているアウトソールデザインで、回転、ターン、トラクションを改善する。

ネオプレン　ナイキが90年代初めのランニングシューズ、とくに「ハラチ」シリーズで使っていた合成ポリマー。ゴムに似た素材で足をしっかり包み、ひも付きのシューズであることを忘れるくらいよくフィットする。

ペグ・システム　アディダスがランニングシューズ(L.A.トレーナーなど)に使っていたシステムで、ヒールのクッショニングをカスタマイズできる。

フィライト　軽量ランニングシューズのミッドソール部分に使われる、EVAに似た素材。

PU(ポリウレタン)　あまり耐摩耗性の高くない合成樹脂。80年代初期のアウトソールに多く使われた。

ソックライナー　シューズのインソール。

ソフトセルテクノロジー　アディダスのランニングシューズのヒール部分に使われるサスペンション・テクノロジー。

S.P.A.テクノロジー　S.P.A.はSportabsatz(スポーツヒール)を意味する。このヒール用テクノロジーはプーマが80年代初めに開発したもので、けがのリスクを30%引き下げるといわれる。

スポイラーフレックス　アンクルカラーの柔軟性を増すためのデザイン。

トルションシステム　アディダスの登録商標。ミッドフットに組み込むシステムで、柔軟性、安定性を高め、足の前部と後部のねじれを制御する。

TPU(熱可塑性ウレタン)　軽量で丈夫な樹脂スタッドおよびアウトソール用素材。

ワッフルグリップ　内側に柔らかいゴムを詰めた硬質ゴムのワッフルスタッドで、グリップ力を高める。

ズームエア　エアを含んだ薄いクッションで、薄いソールのシューズとフォアフットの快適性を高めるナイキのテクノロジー。

ADIDAS アディダス

アディダスはもうひとつの伝説的なスポーツブランド、プーマとその起源を共有している。1920年、やがて別々の会社を設立することになるアドルフとルドルフのダスラー兄弟が、ドイツのヘルツォーゲンアウラッハで最初のトレーニングシューズを作った。ダスラーのシューズはスポーツに最適だとたちまち評判になる――ジェシー・オーエンスは1936年のベルリン五輪でダスラーのシューズを履いて4つの金メダルを獲得した。しかし、兄弟げんかの末に2人は別々の道を歩むことになった。

ルドルフは1948年にプーマを設立し、アドルフはアディダスという名の会社を立ち上げた。これは彼のニックネームの「アディ」と名字の最初の3文字を組み合わせたものだ。他のブランドとの違いを際立たせるため、「adidas」にはつねに小文字の「a」が使われる。1年後、有名な「スリーストライプ(3本線)」がアディダスのトレードマークとなり、現在もすべての衣料品とシューズに使われている。「トレフォイル(三つ葉)」のロゴが導入されたのは1972年で、ちょうどミュンヘン五輪が開催されたころだった。このロゴは「スーパースター」(p.28-29)や「スタンスミス」(p.42)のような初期のモデルのほか、「A-15ウォームアップ」トラックスーツや定番Tシャツに見ることができる。

アドルフ・ダスラーは1972年に78歳で亡くなり、妻のケーテが会社の経営を引き継いだ。同じ年、ダスラーはアメリカの「スポーツ用品産業の殿堂」入りを果たした最初の外国人になった。ケーテは1984年に死去し、経営権は長男のホルストに引き継がれ、彼はその3年後に亡くなるまで全力で仕事に取り組んだ。実権をダスラー家が握ることで――現在もその体制は続いている――商品は一貫して高いクオリティを維持し、ブランドはオリジナルのガイドラインを守り抜くことができた。

アディダスが世界のスポーツ市場で支配的な地位を築いた要因のひとつは、モハメド・アリやドイツのサッカー・ナショナルチームのような伝説の選手やチームのスポンサーになったことだ。彼らは文字どおり「アディダス・チーム」の一員になった。スポンサー契約と優秀なスポーツ成績との関係性は現在も変わっていない。デヴィッド・ベッカムやジネディーヌ・ジダンなどの一流サッカー選手を含むトップアスリートが、人気の「a3」シリーズや「クライマクール」シリーズ(p.64-65)を履いている。

若者文化もつねにブランドの成功に貢献するもうひとつの要因だった。1980年代のイギリスのサッカー競技場は、スリーストライプを身につけた「サッカーカジュアル」たちで観客席が埋めつくされた。ファンが相手チームのサポーターを圧倒しようとアディダスの「フォレストヒルズ」(p.41)や「トリムトラブ」(p.36)などのシューズとトレーナーをこぞって身につけたからだ。

アメリカでは1980年代の伝説のラッパー、Run-DMC(ラン・ディーエムシー)がアディダスのシューズを気に入って「マイ・アディダス」という曲まで作り、独自のスタイルでアディダスを履きこなした。ひもを使わず、タン部分を外に引っ張り出して履くスタイルだ。これがすぐにファッション界でコピーされ、それがまた逆流してヒップホップシーンに再び結びつけられてきた。Run-DMCが選んだモデルは(どんどん広がるヒップホップ・コミュニティの多くのリーダーもそうだが)「スーパースター」だった。「シェルトウ」とも呼ばれるこのモデルはベストセラー商品となり、最も認知度の高いスニーカーとしての地位を築いた。

現在、アディダス・ブランドは3つのサブブランドで構成される。"ヘリテージ"ラインの「オリジナル」、最先端の本格派アスリート向けの「パフォーマンス」、そしてアディダスとファッションデザイナー、山本耀司のコラボレーションで生まれた、ファッション性の高い「Y-3」である。アディダス「エキップメント」のコンセプトを開発した(p.58-59)のは、その後独立してスポーツ・インクを設立するロブ・ストラッサーとピーター・ムーアだった。このフットウェアとアパレルのラインは1991年に導入され、この発展に伴って新しいロゴも生まれ、それがアディダスの「パフォーマンス」のロゴに進化して、現在のアディダス製品のほとんどに使われている。

アディダスのブランドとしての継続的成長は、中核モデルの巧みなマーケティング、アディダス・チームの先見的な思考法、そして、豊かなブランド遺産の認知度に支えられている。ありきたりの宣伝にとどまることなく、イベントのスポンサーや限定商品の発売など効果的な戦略を駆使するアディダスは、今も変わらず最もエキサイティングなスポーツブランドであり続けている。

ADIDAS CENTENNIAL
アディダス センテニアル

この未来的なルックスのモデルには
すべての最新テクノロジーが詰め込まれていた。

もとはフランスで製造されていたハイカットで、スエードとレザーの両方のタイプがあった。スエード製はネイビー、グレー、ブラウン、バーガンディ、ブラック、レザー製はホワイト／レッド、ホワイト／グリーン、ホワイト／ナチュラル、ホワイト／バーガンディのカラーバリエーションで作られた。

センテニアルにはこのモデルにしかない際立った特徴がある。たとえばトウボックス（つま先の先端部分）は、アディダスが他のバスケットボールシューズでは使っていない特徴的な形をしている。マルチディスクのアウトソールにはトレフォイルのロゴも刻まれ、ブランド効果を最大限に発揮している。

全体的なデザインはかなりアグレッシブだ。アンクルサポート後ろ側のうねのあるスポイラーフレックスは、緊張した筋肉を思わせる。

シューズデータ

発売
1985年

オリジナル用途
バスケットボール

写真のモデル
オリジナル

備考
マルチディスクソールを取り入れることで、トラクションを高め急な方向転換に対応させた。

ADIDAS TOP TEN

アディダス トップテン

タン表面のタグが示すとおり、プロバスケットボールのトップテン選手のお墨付き。

ALIFE版

　1979年に発売されると、たちまち世界中のバスケットボールコートに衝撃をもたらした。ハイカットは想像以上に思い切ったデザイン。ローカットはパッドをきかせたアンクルカラーで高級感を加えている。

　発売以来、カラーバリエーションはどんどん増えたが、誰もが知るのはホワイト／ネイビーで、アンクルカラーにレッドをあしらったものだ。大学チーム用の限定色としてレッドアッパーなどのバージョンも作られた（小売店では入手できなかった）。1983年に生産終了になったが、2002年に再発売された。

TOP TEN

シューズデータ

発売
1979年

オリジナル用途
バスケットボール

写真のモデル
オリジナル／
Alife（エーライフ）版

備考
2003年にはニューヨークのアーティスト集団Alife（エーライフ）とのコラボレーションで、オールホワイトのトップテンが製造された。

ADIDAS ECSTASY
アディダス エクスタシー

太いゴールドのロープチェーンが流行った時代に、エクスタシーは完璧にフィットした。

派手やかなデザインのハイカットバスケットボールシューズ。大胆なメタリックのアディダスの文字がアンクルサポートをぐるりと取り巻く。サイドパネルにはスリーストライプの代わりにトレフォイルをあしらい、トウボックスにもトレフォイル模様のパンチングが施されている。その際立った特徴は、見間違えようがない。2004年に再リリースされた。

ECSTASY

シューズデータ

発売
1986年

オリジナル用途
バスケットボール

写真のモデル
復刻版

備考
ウールのようなふかふかのライニングが特徴。

シューズデータ

発売
1984年

オリジナル用途
バスケットボール

写真のモデル
オリジナル

備考
1990年代半ばに
再リリースされた。

ADIDAS FORUM アディダス フォーラム

ミッドソールには
革新的なウェビングを採用。

ハイカット、ミッドカット、ローカットの3タイプが作られたのは、当時のアディダスのバスケットボールシューズラインでは初めてだった。すべてのタイプにアンクルストラップが使われている。

アッパーに関してはかなりの実験を試みた。たとえばエナメルの使用は非常に斬新なアイデアだった。

チョコレートブラウンなど、ときおりめずらしいカラーのモデルを出したことも、消費者に人気だった。しかし、驚いたことにフォーラムの最大の魅力となったのは100ドルという値段で、高価格がステイタスを与えた。

ADIDAS REBOUND

アディダス リバウンド

短命で終わったが、最近になってカルト的人気が再燃している。

フランス製リバウンドのアッパーは、レザーとナイロンメッシュの組み合わせで軽量化を実現させた。

ブルーにレッドのラインをあしらったアンクルサポートは、うわさによれば独立リーグABA(アメリカン・バスケットボール・アソシエーション)のイメージカラーを意識したもので、リバウンドはこのカラーだけで生産された。

シューズデータ

発売
1980年代

オリジナル用途
バスケットボール

写真のモデル
オリジナル

備考
わずか1年で生産終了した。

ADIDAS METRO ATTITUDE

アディダス メトロアティチュード

主張（アティチュード）満載のシューズ。

フランス製のバスケットボールシューズ。カラーバリエーションは幅広く、ホワイト／オレンジ、ホワイト／ロイヤルブルー、ホワイト／ブルー／オレンジなどがある。一番めずらしいのはトカゲ革風のもので、ブルー／オレンジ、ホワイト／ブラック、パープル／イエローがある。2002年にオリジナルの色揃えで再リリースされた。

シューズデータ

発売
1986年

オリジナル用途
バスケットボール

写真のモデル
復刻版

備考
2003年にスケートボード用メトロアティチュードも登場した。

METRO ATTITUDE

ADIDAS DECADE

アディダス ディケイド

ハイカットがみっともないなんて誰が言った？

1985年リリースの高性能でしゃれたバスケットボールシューズ。ハイカットとローカットの2種類が作られた。ハイカットはアディダスが特許をとった一枚布のクロス型アンクルサポートが特徴で、内にも外にもしっかりとサポートする。ワイドグリップのアウトソールは鋸歯の形状でトラクションと衝撃吸収性を高めた。ディケイドの外観はこの時期のアディダスの他のバスケットボールシューズとよく似ており、ハイカットはフォーラムのものに似ている。

1986年に生産を中止したが、それで最後とはならず、2003年にまったく新しいカラーで再リリースされた。外観も若干変わり、たとえばアウトソールはオリジナルのマルチディスク型ではない。この再リリースはディケイドが新しい世代の支持を得たことを物語る。

オリジナル　　復刻版

DECADE

シューズデータ

発売
1985年

オリジナル用途
バスケットボール

写真のモデル
オリジナル／復刻版

備考
ディケイドは
フランスでも製造された。

ADIDAS JABBAR アディダス ジャバー

**セレブとエンドースメント契約を結んだ初のバスケットボールシューズ。
クラシックなデザインと時代を超えたシンプルさが人気の秘密。**

子どもたちがマイケル・ジョーダンに憧れるずっと以前から、カリーム・アブドゥル=ジャバーのシグネチャーモデルこそが、持つべきバスケットボールシューズだった。スポーツ・イラストレイテッド誌に掲載された記憶に残る広告には、ゴーグルをかけたアブドゥル=ジャバーがトレードマークの「スカイフック」シュートを放つ写真が使われていた。1980年代初めにBボーイと結びつけられた一時期を除き、バスケットボールコート以外で人気のファッションアイテムになることはなかったが、だからと言って安く手に入るわけではない。

シューズデータ

発売
1971年

オリジナル用途
バスケットボール

写真のモデル
オリジナル

備考
オリジナルモデルは1,000ドルほどするが、後継モデルでも少なくとも200ドルはする。

ADIDAS FLEETWOOD アディダス フリートウッド

フォーラムと同時期のプレミアつきバスケットボールシューズ。

　フランス製で、トウボックスとサイドパネルはスネークスキン柄。だが特徴はそれだけではない。アンクルサポートのサイドにリブ部分があり、タンには大きなトレフォイルのロゴがあしらわれている。

　2004年に再リリースされ、新たにローカット版も加わった。

シューズデータ

発売
1980年代

オリジナル用途
バスケットボール

写真のモデル
復刻版

備考
アディダスのハイカットバスケットボールシューズの中では、最も高さがある。

ADIDAS AMERICANA アディダス アメリカーナ

少し色を加えるだけで
ルックスが様変わりした。

シューズデータ

発売
1971年

オリジナル用途
バスケットボール

写真のモデル
復刻版

備考
2003年の復刻版では、新色も2種類加わった。

1970年代のABAリーグのバスケットボールコートでデビューしたモデル。ブルーとレッドのストライプはABAのリーグカラーとマッチしていた。

その後、いくつかの変更が加えられた。初期モデルはメッシュのアッパーにレザーのトウボックスだが、1970年代半ばのモデルはトウボックスにスエードとシェルを組み合わせている。70年代末にはナイロンメッシュのアッパーにスエードのトウボックスのタイプも作られた。2003年にはオリジナルのABAカラーモデルが再リリースされている。

adidas®
AMERICANA

ADIDAS CAMPUS

アディダス キャンパス

永遠の名品スニーカー。

もともとは1970年代初めに「トーナメント」の名で発表されたが、1980年ごろに名前を変えた。 高い評価を得て、今では世界中のスニーカーファンが履いている。

ヒップホップシーンと結びつけられてはいるが、カルト的人気を博したのは、ブルックリンのラップバンド、ビースティ・ボーイズがいつもこの靴を履くようになってからだ。 彼らが1992年のアルバム『チェック・ユア・ヘッド』のカバー写真で着用したことで不滅の人気を得た。

これを機に、世界中のスケートボーダーがキャンパスを履くようになった。 見た目がよいだけでなくカラーバリエーションも豊富で、丈夫でもある。 アッパーの作りは「ガッツレー」(p.34-35)と肩を並べるが、耐久性ではより勝るほどだ。

優れた軽量モデルとみなされ、デニムとの相性のよさも人気の理由のひとつだった。

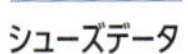

シューズデータ

発売
1970年代

オリジナル用途
バスケットボール

写真のモデル
復刻版

備考
1990年代に化粧直しが施された。 アッパーの変更に加え、耐久性を増すために「スーパースター」(p.28-29)と同じアウトソールが使われた。

CAMPUS

ADIDAS SUPERSTAR

アディダス スーパースター

セレブたちのお気に入り。

1969年リリースのスーパースターは「プロモデル」のローカット版で、ローカットとしては初のレザー製バスケットボールシューズだった。特徴的な貝殻風のラバーのトウボックスですぐに見分けがつき、大勢のファンに「シェルシューズ」と呼ばれるようになった。

ぽってりした見かけとスタイルはすぐにヒップホップシーンの大物たちに受け入れられ、ラップグループのRun-DMC（ラン・ディーエムシー）の支持を得たときに偶像的ステータスを確立した。彼らはアディダスに敬意を表した「マイ・アディダス」という曲まで出し、その結果、アディダスは彼らと提携したシューズとアパレルラインを作った。

フランス製オリジナル

復刻版

シューズデータ

発売
1969年

オリジナル用途
バスケットボール

写真のモデル
オリジナル／復刻版／ア・ベイシング・エイプ版

備考
オリジナルはネイビー、ブラック、レッド、ホワイトだが、それ以降、さまざまなカラーで製造されてきた。

↑ ア・ベイシング・エイプとのコラボ版

ヒールとタンをよく見れば、いつどこで製造されたものかがわかる。オリジナルのフランス製はタンにゴールドとブラックのロゴが入り、1990年代初めから半ばにかけて、スケートボードシーンにも人気が広まるにつれ、最も好まれるバージョンになった。それ以来定期的にアップデートされ、金属製アイレット、別タイプのレザーやスエード、時間がたっても黄ばまないラバーなど、さまざまな素材が使われてきた。復刻版にもタンにゴールドのロゴを使っているものはあるが、発売された年代を突き止める方法はほかにもある。たとえば無地のソックライナー、硬めのレザー、ソールのサイド下側にあるステッチは、いずれも新しいバージョンの特徴だ。

個性を演出するために、シューレースとカラーリングのカスタマイズが不可欠になった。スーパースターには太いシューレースがよく似合う。

ア・ベイシング・エイプとのコラボ

2003年、日本のアパレルメーカー「ア・ベイシング・エイプ」とのコラボレーションで限定版が作られた。ベーシックモデルに細かい工夫を加えたもので、たとえばホワイトのバージョンではトウをわざと微かに黄色がかった色にして、オリジナルのスーパースターに似た雰囲気を出している。それ以外にもエンボスやシューレース留めバッジなど、こだわりのディテールがシリーズ全体の爆発的人気に貢献した。

コラボ版は全部で4種類が製造され、小売店で入手できる3種類は500足の限定販売、オールブラックの特別モデル100足はNIGO（ア・ベイシング・エイプの当時のオーナー）とアディダスの間で折半された。

↑
ア・ベイシング・エイプとのコラボ版

ADIDAS SUPERSKATE

アディダス スーパースケート

スケートボード人気の高まりへの
アディダスからの回答。

復刻版 ->

シューズデータ

発売
1989年

オリジナル用途
スケートボード

写真のモデル
復刻版／ア・ベイシング・エイプ版

備考
オリジナルのスーパースケートは、生ゴムのソールが特徴だった。

↑
ア・ベイシング・エイプとのコラボ版

アディダスのスケートボード用シューズライン展開のスタートとなったモデル。全体的なデザインはバスケットボールシューズを基本にしているが、トウガードとサイドパネルは補強のためにレザーを重ねて作られている。2004年に再リリースされた。

ア・ベイシング・エイプとのコラボ

2002年、日本のアパレルメーカー「ア・ベイシング・エイプ」との限定コラボ版が作られた。カラーは、ホワイト／グリーン、ホワイト／ブラック、そしてひときわ目立つ蛇革柄の3種類で、わずか500足ずつの製造。色の異なる3組の靴ひもとア・ベイシング・エイプの靴ひも用アクセサリー付きで売られた。

ADIDAS ADICOLOR H

アディダス アディカラーH

商業的には時代を先取りし、
購入者にカスタマイズの機会が与えられた。

アディカラーHは8色のマーカー付きで売られ、履く人がサイドパネルの白いストライプを好みの色に塗ることができた。基本的なデザインが優れていたため、芸術的センスに欠ける人が色を塗ってもそれなりの見栄えは保つことができたのだ!

靴のカスタマイズの流行はこのモデルから始まったという世間の認識は誤りだ。子どもたちはそれよりずっと以前から、ベーシックモデルに色を塗ったりブリーチしたりして、自分だけのシューズに変えていたのだから。しかし、そのアイデアを商業的に取り入れたのは確かにアディダスが最初だった。

シューズデータ

発売
1985年

オリジナル用途
バスケットボール

写真のモデル
オリジナル

備考
オリジナルの1 足を手にするのは80年代と同じというわけにはいかない。当時の経験を実感するには使えるマーカーが必要だ。

ADICOLOR H
adidas

ADIDAS

アディダス ガッツレー

時代を超えて
支持されるガッツレーは、
何世代にもわたって引き継がれ、
現在もその人気は衰えていない。

ガッツレーのそもそもの用途についてはさまざまな憶測が飛び交う。シルエットを見れば屋内用のサッカーシューズにもなりそうなので、しばらくするうちにサッカーファンの間でも「トリムトラブ」(p.36)、「ミュンヘン」(p.37)、「フォレストヒルズ」と並んで爆発的人気を得た。ランニング用として作られたという意見もあるが、もともとはトレーニング用シューズを意図したものだろうという見方が優勢だ。

当初の目的がどうであれ、ガッツレーが美しいシューズであることは間違いない。流れるようなウェッジ型シルエット、シンプルなスタイリングと厚めのソール、スエード素材のアッパーというクラシックなデザイン。「スーパースター」や「キャンパス」がまだあまり広く出回っていなかった80年代初期のイギリスで、ヒップホップシーンに大きなインパクトを与えた。本当に軽く、明るいカラーが揃っていたため、ダンス用としても優れていた。現在もまだケン・スウィフトやフローマスターなど、Bボーイたちが好んで履いている。

Bボーイとサッカーファンの間で絶大な支持を得ただけでなく、ガッツレーはインディーズやアシッドジャズのライブでも場違いに見えない。90年代にはオアシスのようなブリティッシュポップグループにも好まれた。

シューズデータ

発売
1968年

オリジナル用途
多目的トレーニング

写真のモデル
復刻版

備考
ガッツレー(ガゼル)はアフリカやアジアに生息する小さくてやせた、シカに似た動物のこと。驚くほどのスピードと優雅さで知られる。

GAZELLE
adidas
GAZELLE
adidas
GAZELLE

シューズデータ

発売
1977年

オリジナル用途
トレーニングシューズ

写真のモデル
復刻版

備考
1977年版にはギリー環(D型リングのアイレット)が使われていない。

ADIDAS TRIMM-TRAB アディダス トリムトラブ

評判の悪かったトリムトラブだが、サッカー場の究極のクラシックになっていたかもしれない。

数種類のカラー、高品質の素材で製造された。アッパーはスエード、ソールは密度が倍のPU(ポリウレタン)製。この組み合わせで80年代半ばの必須アイテムになった。

トリムトラブに続き、1984年には「トリムトラブ2」が、1985年には「トリムスター」が発表された。だが、最も人気があるのは今もオリジナルだ。需要の高まりに応えて2004年に再リリースされた。

ADIDAS MÜNCHEN

アディダス ミュンヘン

多目的のトレーニングシューズで、バスケットボール、ホッケー、バレーボール、バドミントンなど幅広いスポーツに使用できる。

見た目は「トリムトラブ」によく似ている。 どちらも同じPUのアウトソールだが、ミュンヘンのアッパーはナイロンメッシュにベロア素材のトリムで、トウボックスにはパンチングを施している。 ひも部分のベロアのトリムはサイドパネルのストライプとマッチするように縁がぎざぎざになっている。

1984～85年に生産中止になって以来、熱狂的ファンはオリジナル版を探し求めてきた。たとえどこかで1足手に入ったとしても、決して使用しないこと。 PUのアウトソールは強度に欠けるため、亀裂が入ったり砕けたりするおそれがある。

シューズデータ

発売
1979年

オリジナル用途
トレーニングシューズ

写真のモデル
復刻版

備考
1981年に
ハイカット版が作られた。

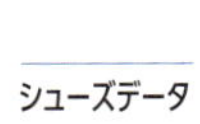

ADIDAS SL 72

アディダス SL72

SLはスーパーライト（超軽量）の略。

もとは1972年のミュンヘン五輪用にデザインされた超軽量シューズ。アッパーは通気性のよいナイロン繊維を編んで作っているが、最大の特徴はトラクショントレッドのアウトソール、内蔵ヒールカウンター、ラバーで補強されたトウボックスだ。

シューズデータ

SL 72

発売
1972年

オリジナル用途
トレーニングシューズ

写真のモデル
復刻版

備考
2004年に再リリースされた。

ADIDAS SL 76 アディダス SL 76

SL72からの自然の流れでSL76に進化した。

↑ SL 76

　モントリオール五輪が開催された1976年に発売された。通気性のよいナイロンとベロアを使い、ギリー環（D型リング）の数は製造国によって異なった。
　SL76はトレーニングシューズの「ドラゴン」と間違われることが多い。確かに非常によく似ているが、色揃えが異なる。
　SL76はカルト的人気を博したドラマ『刑事スタスキー&ハッチ』でテレビデビューを果たした。2004年にはドラマでスタスキー刑事が履いていたカラーが再リリースされた。

↑ SL 76

SL 76

シューズデータ
発売
1976年
オリジナル用途
トレーニングシューズ
写真のモデル
復刻版
備考
スニーカーファンの間ではグリーン／イエローがつねに一番人気だ。

ADIDAS SL 80 アディダス SL 80

トレフォイルのロゴが入ったアウトソールとディンプル加工のタンが最大の特徴。

　SL 76と同様に、SL 80のアッパーもナイロンとベロアを使っている。アウトソールは後部と前方の円形スポットに耐久性に優れたソールを使い、その部分をレッドで強調している。

↑ SL 80

SL 80

シューズデータ
発売
1980年
オリジナル用途
トレーニングシューズ
写真のモデル
復刻版
備考
グリーン／イエローが一番人気。

ADIDAS JEANS アディダス ジーンズ

コーデュロイのパンツとの相性は抜群。

JEANS

シューズデータ

発売
1979年

オリジナル用途
トレーニング／ランニング

写真のモデル
オリジナル

備考
人気の高まりのため
2003年に
再リリースされた。

最大の魅力はスエードを使った美しいブルーのアッパー。デニムブルーを鮮やかにした特徴ある色だ。アッパーとアウトソールの間にイエローのラインを引き、サイドにはゴールドの「JEANS」の文字をあしらっている。

1982年には、アウトソールとアッパーの両方にモデルチェンジが施された。トラクショントレッドのアウトソールがトレフォイルパターンを配したアウトソールに変わり、新しくレッド／ネイビーもラインナップに加わった。1984年にさらに洗練されたデザインに変わった。

ADIDAS
FOREST HILLS

アディダス フォレストヒルズ

重さわずか250グラム。

1970年代から80年代にかけて、デザインの異なるさまざまなバージョンが作られたテニスシューズ。最初期のバージョンに使われたトウキャップ保護のためのレザーは、「スーパースター」のハーフシェルと似ている。現在フォレストヒルズとして目にするのは、80年代にイギリスのサッカーファンが好んで履いていたタイプだ。

最初に誰が、どこでフォレストヒルズを履いたのか、どのバージョンにイエローのソールが使われていたのかなど、多くの都市伝説が残る。それがこのモデルのステータス、文化的・歴史的な意味合いとファン層の拡大に貢献した。2002年に再リリースされている。

FOREST HILLS

シューズデータ

発売
1970年代

オリジナル用途
テニス

写真のモデル
復刻版／オリジナル

備考
2002年発売の復刻版は、アウトソールにさまざまなカラーが使われた。

ADIDAS STAN SMITH

アディダス スタンスミス

**スタンスミスの発売は1965年だが、
もともとは1964年にまったく別のテニスプレイヤーのために
製造されたモデルだった。**

このモデルの最初期のものは1964年にフランスのテニスプレイヤー、ロバート・ハイレットの協力で開発された。のちのモデルとは違ってアウトソールが厚く、ヒールにはアディダスのトレフォイルのロゴはなく、ハイレットの名前がサイドに刻まれていた。サイドパネルに通常のストライプではなく3本の空気穴のラインがあるのも特徴だった。

1965年、アディダスはアメリカ人テニスプロのスタン・スミスに注目した。そのためハイレットの名前がスミスに変わり、後継モデルにはスミスの顔とサインがタンにあしらわれている。

ベルクロ版

その後、スタンスミスはアディダスのカタログにつねに掲載される定番モデルとなった。色揃えが豊富で、レッド、ネイビー、ブラック、ベージュなどがある。1990年代半ばにはベルクロバージョンが発売された。スニーカーファンの間で人気があるのはオリジナルのロバート・ハイレット版だ。

シューズデータ

STAN SMITH

発売
1964年

オリジナル用途
テニス

写真のモデル
復刻版

備考
2003年にハイカット版が市場に出た。

最初のロッドレーバーはホワイトにグリーン、メッシュのサイドパネル、レザーのトウピースとタンという組み合わせだった。次のモデルも初期バージョンと同様の特徴を持ち、すぐさま人気商品になった。アディダスは少数のカラーにかぎりロッドレーバーを生産し続けている。

このモデルのなめらかなサイドパネルと最小限のブランディングが、1990年代後半の再リリースに影響を与えたようだ。異なる種類のレザーを使ったアッパー、キルト版やパーフォレート版も実験的に作られた。

ロンドンのショップ「Oki-Ni」とのコラボモデル「ロッドレーバーNPF」も、5種類のカラーで発売された。トレフォイルロゴ版はコレクターズアイテムとしてとくに人気が高い。

ADIDAS ROD LAVER

アディダス ロッドレーバー

その名に恥じない高性能のテニスシューズ。

シューズデータ

発売
1970年

オリジナル用途
テニス

写真のモデル
オリジナル

備考
ロッドレーバーには
サイドの
ストライプがない。

ADIDAS
LENDL SUPREME アディダス レンドルシュプリーム

1984 年、アディダスはテニスプロ、イワン・レンドルのシグネチャーラインとしてアパレルとフットウェアの製造を開始した。

レンドルシリーズには忘れられないモデルが2つある。「コンペティション」と「シュプリーム」だ。「コンペティション」は通気性のよいナイロンアッパーにレザーのトリムをあわせたモデルで、メッシュアッパーの「コンコルド」のローカットモデルに少し似ている。「シュプリーム」はもっとがっしりしていて、柔らかいフルグレインレザー製。ギリーではなく金属製アイレットを使っている。

どちらのモデルも豊富なカラーバリエーションで発売された。「コンペティション」は2003年にオリジナルのカラーで再リリースされた。

シューズデータ

発売
1984年

オリジナル用途
テニス

写真のモデル
オリジナル

備考
レンドルモデルには「コンフォート」「プロ」「コンペティション」がある。

ADIDAS EDBERG アディダス エドバーグ

エドバーグを手に入れるには、スタートダッシュが不可欠だった。

スウェーデンの人気テニスプレイヤー、ステファン・エドバーグ(エドベリ)のために作られたシグネチャーモデル。エドバーグモデルのアパレルとフットウェアは息の長い製品となった。

コレクターに愛されているモデルのひとつで、イエローとグリーンにゴールドをあしらったものがとくにスタイリッシュだ。

シューズデータ

発売
1980年代

オリジナル用途
テニス

写真のモデル
オリジナル

備考
エドベリはプレイヤーとして初期の時代には、レンドルモデルを愛用していた。

ADIDAS L. A. TRAINER

アディダス L.A.トレーナー

1984ロサンゼルス五輪向けにデザインされたモデル。

ヒールにある3色のペグは、飾りとしてだけ加えられたわけではない。「ペグシステム」と呼ばれ、シューズのパフォーマンスにも重要な役割を果たしている。密度の異なる3つのペグで、クッショニングを調整できるのだ。アッパーはメッシュとレザーの2種類。1990年代後半に再リリースされた。

シューズデータ

発売
1984年

オリジナル用途
アウトドアランニング

写真のモデル
復刻版

備考
同じペグシステムを使ったモデルとして「L.A. コンペティション」も発売された。

↑
L.A. コンペティション

ADIDAS KEGLER SUPER

アディダス ケグラースーパー

年々優雅さを増す永遠のクラシックモデル。

ケグラースーパーもペグシステムを使っている。しかし、最も興味深いのはトウガードを包み込むようにスエードが使われていることだ。これがボトムまでつながり、ミッドソールとアウトソールを覆っている。きれいに保つのはむずかしいが、年月とともに風合いが増す。

2004年にリリースされた100足限定の復刻版には、オストリッチのアッパーとゴールドのペグが使われた。

KEGLER SUPER

シューズデータ

発売
1980年代

オリジナル用途
トレーニング

写真のモデル
オリジナル

備考
ミッドソールはL.A.トレーナーに近いが、アウトソールのデザインはガッツレーと似ている。

↑
マラソン80

シューズデータ

発売
1980年代

オリジナル用途
アウトドアトレーニング

写真のモデル
マラソン80／復刻版

備考
マラソン80はマラソントレーナーの先行モデルで、1981年に販売開始した。

ADIDAS MARATHON

アディダスマラソン

アディダスによれば、マラソントレーナーは時代を先取りしていた——まさにその通りだ！

国によっては「マラソントレーニング」とも呼ばれるマラソントレーナーは、「マラソン80」よりもルックスは攻撃的だ。トレフォイルパターンのアウトソールとミッドソールのデリンジャーネットが、どちらのバージョンにも未来的な見かけを与える。

このシューズは1980年代初めのリリース以来、何度かのモデルチェンジを経てきた。初期モデルのアッパーはすべてナイロンメッシュとベロア製だったが、1985年にアッパーのデザインがわずかに変更された。新しいモデルは初期モデルよりもTPUアイレットの数が少なく、スリーストライプの上には「Marathon TR」のタグがつき、トウボックスにはV字型の切り込みが入った。

1991年に「マラソントレーナーII」が、1992年には初のレザー版が発売された。2000年に復刻版がリリースされ、2002年にはアースカラーの高級レザー版が作られた。

adidas

ADIDAS HANDBALL SPEZIAL

アディダス ハンドボールスペツィアル

ドイツスタイル、ドイツ語スペリング。

OKI-NIとのコラボ版。

超軽量の屋内スポーツ用シューズ。アッパーはパッドが加えられたベロア製で、アウトソールはハンドボール特有の急停止と急な方向転換に対応するため4ゾーンに分かれたソールを採用している。1982年にホワイト／ブルー、ホワイト／レッド、ホワイト／ブラックが加わった。

シューズデータ

発売
1979年

オリジナル用途
ハンドボール

写真のモデル
Oki-Niコラボ版／復刻版

備考
70年代後半の
ハンドボール世界選手権
ドイツ大会で使用された。

ADIDAS INDOOR SUPER

アディダス インドアスーパー

これほどのスカッシュシューズがかつてあっただろうか?

　このスカッシュシューズはナイロン製だが、ベロアで補強されていることが特徴だ。目を引くトウボックスのステッチ、硬さの異なる2種類の素材を使ったデュアルデンシティのラバーアウトソールが、屋内スポーツに最適だ。ソールには柔軟性とグリップ力を高めるためのインサートゾーンもある。2004年に再リリースされた。

アディダスの精鋭屋内シューズ

1 バーリントンスマッシュ
2 インドアスポーツ
3 インドアスーパー2
4 TTスーパー
5 インドア

INDOOR SUPER

シューズデータ

発売
1980年代

オリジナル用途
スカッシュ

写真のモデル
復刻版

備考
2004年に
レザー版が
発売された。

シューズデータ

発売
1982年

オリジナル用途
ランニング

写真のモデル
復刻版

備考
1984年には「レディオレゴン」が発売された。

ADIDAS OREGON

アディダス オレゴン

あらゆる体型の人向けの軽量ランニングシューズ。

オレゴンの初期モデルはナイロンのアッパーを豚革で補強していたが、1983年以降は豚革の代わりにスエードが多く使われた。ミッドソールのウェッジにはデリンジャーネットを使い、ヒールで踏み込むときの衝撃を吸収・分散させている。アディダスの「スペースシャトル」フレームとおなじみDリングのアイレットも取り入れられた。2002年には特別限定版の迷彩柄が出ている。

ADIDAS OREGON ULTRA TECH

アディダス オレゴンウルトラテック

オレゴンの進化形として発表されたハイテクモデル。

アッパーは合成スエードとナイロンメッシュ、ヒールには夜間でも目立つように反射素材のトリムが使われている。しかし、とくに際立っているのはミッドソールの厚さだろう。これでクッション性が大いに高まった。デリンジャーネットがミッドソールのボリュームを強調する一方、岩型のアウトソールはアディダスのソフトセル技術を生かしている。

1993年に製造を終了したが、2004年に再リリースされた。

OREGON ULTRA TECH

シューズデータ

発売
1991年

オリジナル用途
ランニング

写真のモデル
復刻版

備考
2004年にまったく新しいカラーで再リリースされた。レザー版も作られた。

ADIDAS ZX 500

アディダス ZX 500

本格的ランニングシューズ。

もとは低燃費のトレッキング・ランニングシューズとしてデザインされたもの。アッパーはベロアトリムが施されたナイロン製で、さまざまなカラーリングで発売された。

TPUヒールカウンター（安定性を増す）とEVAミッドソールで、モーションコントロールに問題を抱える人には理想的なシューズだ。ZX 500はすべてのパーツが完全に調和する。2002年に再リリースされた。

シューズデータ

発売
1986年

オリジナル用途
ランニング

写真のモデル
復刻版／ZX 700

備考
2004年には高品質のレザー版が作られた。

ZX 700 ->

ADIDAS ZXZ ADV

アディダス ZXZ ADV

アディダスの
“バック・トゥ・ザ・
フューチャー”

ZXZ ADVのデザインは1980年代のランニングシューズへのオマージュだ。80年代のいくつかのシューズの特徴――「オレゴン」を思わせるデリンジャーネットや、「ZX 500」に似たアウトソールデザイン――を組み合わせている。

カラーも豊富で、本当に頑丈なシューズだった。多くのスニーカーファンが80年代に作られたモデルだと信じて疑わなかった。

ZXZ ADV

シューズデータ

発売
2002年

オリジナル用途
ランニング

写真のモデル
オリジナル／ZXZ NYL

備考
ZXZの名前はイングランド北部ブラックバーンのZXファンにインスパイアされたもの。

ADIDAS
ZX 8000 / ZX 9000

アディダス ZX 8000／ZX 9000

ランニングシューズの
テクノロジーに革命を起こしたモデル。

ZX8000とZX9000はどちらも1988年にリリースされた、アディダスのトルションシステムを採用したシリーズの最初のモデル。ミッドフットの動きに合わせたサポートをとくに重視したデザインだ。このシステムはランニング技術の向上につながるだけでなく、ミッドフット部分のミッドソール素材のボリュームを減らすことで軽量化を達成している。アウトソールの底を見るとそれがよくわかり、触って感じることもできる。

ZX8000とZX9000は人目を引くビビッドなカラーが特徴で、9000はロンドンのラガミュージックシーンで人気となり、裾をピンロールしたジーンズやトラウザーに合わせて履くのがトレンドだった。どちらのモデルも2003年に再リリースされた。

ZX 8000 / ZX 9000

シューズデータ

発売
1988年

オリジナル用途
ランニング

写真のモデル
復刻版

備考
2003年にZX 9000のレザー版が発売された。

ADIDAS EQUIPMENT RACING

アディダス エキップメントレーシング

柔軟性と丈夫さを兼ね備えた画期的シューズ。

　1991年にエキップメントシリーズのひとつとしてリリースされたモデル。パフォーマンスを高めることをとくに意識してデザインされた。アディダスの「パフォーマンス」ロゴが使われている。

　ミッドフット部分に組み込まれたトルションシステムが動きやすさと安定性を高める。トウボックスをくり抜いて通気性を高めた、夏に履くには理想的なモデル。

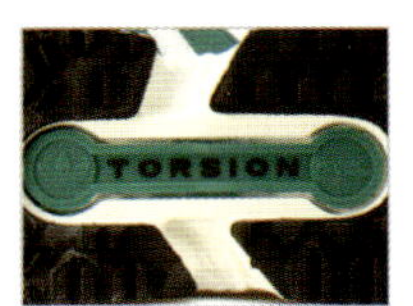

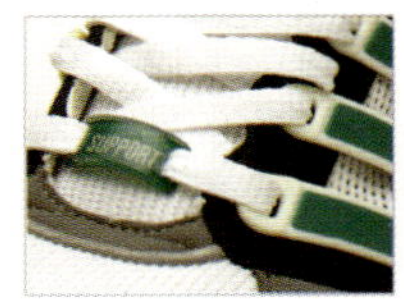

シューズデータ

発売
1991年

オリジナル用途
トレーニング／ランニング

写真のモデル
オリジナル

備考
エキップメントシリーズはすべて同じ配色、ホワイト／グリーン／ブラックで製造された。

adidas

adidas
adidas

ADIDAS APS

アディダス APS

衝撃吸収性を
微調整できる。

APSはAntipronation and Shock Absorption System（反プロネーション・衝撃吸収システム）を表し、ヒール部分のウィンドウからこのシステムを実際に見ることができる。これは、ミッドソールの衝撃吸収性を履く人の体重や地面の状態に合わせて調整できるシステムだ。アウトソールに組み込まれたカセットにはTPUのシャフトとPUのロッドが含まれている。キーを時計回りに回すとロッドが引かれ、ミッドソールが硬くなる。キーを反時計回りに回すと、ミッドソールが柔らかくなる。

設定された吸収率はヒールのウィンドウから目で確認できる。オーバープロネーションを防ぐために、内側のグリーンのロッドが外側のイエローのロッドよりも硬くなっている。

シューズデータ

発売
1986年

オリジナル用途
ランニング

写真のモデル
復刻版

備考
2003年に再リリース。
2004年には高品質のレザー版も出ている。

アディダス マイクロペーサー

このデザインでアディダスのテクノロジーは飛躍的進歩を遂げた。

数多くの特徴を持つこのハイテクのランニングシューズは、見かけも別次元。シルバーという色、シューレースカバー、マイクロコンピューター搭載など、すべてが独創的だ。オリジナルモデルにはビッグトウエリアにセンサーがつき、左足で地面を蹴るとともに作動する。走るのをやめるとシューズもそれに反応し、コンピューターが走行距離と平均ペース、さらにはカロリー消費量まで計算してくれる。発売された1984年当時には、このテクノロジーは驚くべきものだった。

1987年に生産を終了したが、2001年にシルバーのモデルが、2002年にホワイトが再リリースされた。それ以来、さまざまなカラーの復刻版がリリースされてきた。2003年には木箱入りの特別限定版が発売されたが、コレクターに最も人気があるのは今もオリジナルのシルバーモデルだ。

マイクロペーサー NLS

木箱入りの特別限定版

MICRO PACER

シューズデータ

発売
1984年

オリジナル用途
ランニング

写真のモデル
オリジナル／NLS／限定版

備考
復刻版の時計は飾りとしてついているだけで実際には動かない。

↑
ハイカット版

シューズデータ

発売
1990年

オリジナル用途
アウトドア／ランニング

写真のモデル
復刻版

備考
2004年に新色の
ハイカット版が
発売された。

ADIDAS TORSION SPECIAL

アディダス トルションスペシャル

実際に履いてみないと
このシューズの本当のクオリティはわからない。

　屋外用、とくにランニング用シューズとしてデザインされた。初期のZXシリーズのランニングシューズとよく似ている。

　アッパーはナイロン、レザー、ゴアテックスの組み合わせ。ミッドフット部分にトルションシステムを採用している。人気の高まりに応え、2003年にオリジナルのブルー／イエロー／パープルのモデルが再リリースされた。

ADIDAS TUBULAR

アディダス チューブラー

チューブラーのテクノロジーは車のタイヤから着想を得た。

チューブラーのテクノロジーを導入したこのランニングシューズは、履く人がヒール部分のクッショニングをカスタマイズできる。 注射器型の手持ちのエアポンプをアウトソールの穴に差し込むと、アウトソール後部にあるU型の「バイブラストップ」(振動止め)を自分の好みに合わせて膨らませたりしぼませたりできる。

フロントとサイドパネルは通気性のよいメッシュにネットが重ねてある。トップにチューブラーのロゴがあしらわれているのもめずらしい。

TUBULAR

シューズデータ

発売
1993年

オリジナル用途
ランニング

写真のモデル
オリジナル

備考
スニーカーファンの間では永遠の人気を誇る。

シューズデータ

発売
2002年
オリジナル用途
ランニング
写真のモデル
オリジナル2002年
FIFAワールドカップ・
コカコーラ限定モデル
備考
クライマクールのテニス、バスケットボール、トレーニングシューズも作られた。

ADIDAS CLIMACOOL
アディダス クライマクール

クールに見えるだけではない――
実際に涼しく感じる。

暑い夏でも足を涼しくドライに保つテクノロジーを使ったデザイン。クライマクールは熱がこもるのを防ぐ技術を導入した初めてのシューズだった。クライマクールシステムはアッパー、インソール、アウトソールに風を通す。この組み合わせが足周り360度の冷却効果を生み出した。

アウトソールの特徴はミッドフット部分のリブと通気のための空気穴で、それが下からシューズの中に空気を送る。この通気孔が快適な空気の流れを作った。

クライマクールは豊富なカラーバリエーションで発売され、2002年にはFIFAワールドカップのためにコカコーラ特別限定版が作られた。

ADIDAS A3 TWIN STRIKE

アディダス A3 ツインストライク

80年代スタイルと
21世紀テクノロジーの融合。

アディダスの最も革新的なシューズテクノロジーのひとつが搭載されている。a3テクノロジーはシューズを履く人の自然な足の動きに合わせたクッショニングを与えるとともに、足の動きを誘導するエネルギー促進剤としても機能する。このテクノロジーはこれ以降のアディダスのフットウェアのほとんどに採用されている。

シューズデータ

発売
2003年

オリジナル用途
ランニング

写真のモデル
オリジナル

備考
a3は各種スポーツのそれぞれの特性に応じて微調整されている。

ADIDAS ULTRARIDE アディダス ウルトラライド

アディダスのラインナップでは
最もダイナミックなランニングシューズ。

ウルトラライドの最も際立った特徴はヒールとフォアフットにあるピラーだ。これで耐久性にきわめて優れたフォームレスのミッドソールが可能になった。フォーム(発泡素材)は経年とともに砕けやすくなるが、ウルトラライドではその心配はない。TPUが耐久性を高め、エネルギーのロスを減らし、スピードを高める。

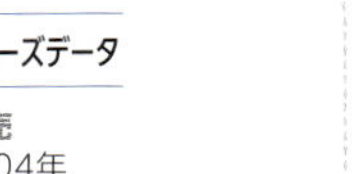

シューズデータ

発売
2004年

オリジナル用途
ランニング

写真のモデル
復刻版／Oki-Niコラボ版

備考
フォームレスのソール製造に取り組んだのは唯一アディダスだけだった。

ULTRARIDE

ADIDAS Y-3 BASKETBALL HIGH

アディダス Y-3 バスケットボールハイ

スポーツとファッションの完璧なコンビネーション。

アディダスの「スポーツスタイル」シリーズのひとつで、山本耀司のデザイン。このコラボによりアディダスのスポーツ専門知識と山本耀司のファッションセンスが結びつき、すばらしい製品に結実した。ローカット版もある。

スティングレイ柄、エレクトリックブルーのレザー、オープンメッシュというめずらしい素材が使われている。蛇革プリントの限定版も発売された。

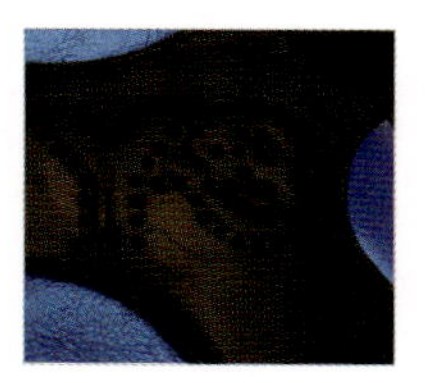

Y-3 BASKETBALL HIGH

シューズデータ

発売
2004年

オリジナル用途
ライフスタイル

写真のモデル
オリジナル

備考
アテネ五輪を記念して、Y-3の2004春／夏コレクションが発表された。

CONVERSE
Chuck Taylor
ALL STAR

CONVERSE コンバース

ブランドヒストリー

1908年にマーキス・M・コンバースが設立したコンバースは、「アメリカ生まれのスポーツ会社」であることを誇る。アメリカのポップカルチャーの一部になったというのも公平な見方だろう。コンバースといえば、最もよく知られているのは伝説のバスケットボールシューズ「チャック・テイラー・オールスター」だ(愛称「チャックス」、「コンズ」、「コニーズ」――p.70-71を参照)。もともとは1917年に履く人の運動能力を高めることを意図して発売されたシューズだが、1923年に一流バスケットボールプレイヤーのチャック・テイラーの名前がついた。チャックスはすぐにアメリカのスポーツウェアの代名詞ともなり、今もその地位を守り続けている。キャンバス地にラバーのこのクラシックシューズは、144カ国で7億5000万足を売り上げた。

コンバースは1930年代のバドミントンのチャンピオン、ジャック・パーセルのシグネチャーモデルでも知られる(p.78-79)。このモデルは1972年にコンバースがB・F・グッドリッチという別のメーカーから買い取ったものだが、今ではコンバースのクラシックモデルのひとつとみなされている。

このブランドのルーツと評判はバスケットボールと切り離せない。コンバースの多くのバスケットボールシューズは、オリジナルの「オールスター」を基本としてそこから進化したものだ。「オールスタープロ」(p.74-75)と「レザープロ」はどちらもジュリアス・アーヴィング(Dr J)などの有名選手に愛用され、1970年代から80年代にかけての最も記憶に残るNBAゲームの代名詞でもあった。1974年発売のクラシックモデル「ワンスター」(p.73)は、コンバースがより広いファン基盤を確立し、現在まで続く人気を得ることに貢献した。コンバースを履いているスポーツ界のスターやロックスター(カート・コバーンもファンのひとりだった)、スケートボーダーやサーファーたちは数知れない。

1980年代の終わりごろから苦戦を強いられるようになったコンバースは、90年代末に財政難に陥り、その後、業界の大物ナイキに買収されることが決まった。この買収はコンバースというブランドを興味深い立場に置いた。アメリカで最も古いシューズブランドがこの業界では比較的新しい企業に買収されたのだ。コンバースは80年代から90年代にかけてある種のサブカルチャー的な存在となっていたので、そのブランドがオレゴン出身のナイキの経営者たちに買収されたときのファンたちの反応を想像すると興味がつきない。

CONVERSE ALL STAR
コンバース オールスター

スターの頂点に立つオールスターは、
永遠のベストセラー
スポーツシューズだ。

シューズデータ

発売
1917年

オリジナル用途
バスケットボール

写真のモデル
復刻版／オフィス版

備考
ウィル・スミス主演の
映画『アイ，ロボット』にも
登場した。 クラシックと
しての地位、歴史、
スタイルを考えれば、
これからも長く売れ続ける
こと間違いなしだ。

オールスターの発売は1917年だが、チャック・テイラーの名前がついたのは1923年からで、この世界的に有名なバスケットボール選手に敬意を表してのことだった。入手しやすさとクラシックなスタイルの魅力のために、発売当初から人気に火がつき、バスケット以外の多くのスポーツでも取り入れられてきた。

アッパーはとくに耐久性に優れているわけではないが、動きやすさとスタイルに関してはこれに勝るシューズを見つけることはむずかしい。1970年代から80年代にかけてオリジナルのカラーバリエーションが広がり、新しい消費者層を引きつけた。

オールスター人気の絶頂期に、コンバースはレザーとデニムなど別素材での実験を試み、ツートーンの折り返しモデルは80年代後半のBMX（競技用自転車）ライダーとスケートボーダーの間で大人気となった。

その歴史を通して音楽界でも好まれたモデルで、ザ・ラモーンズ、フガジ、ザ・ストロークス、スヌープドッグなど、多くの有名ミュージシャンやバンドと結びつけられてきた。

CONVERSE ROADSTAR

コンバース ロードスター

1980年代のトレンドセッター。

シューズデータ

発売
1980年代

オリジナル用途
ランニング／
ライフスタイル

写真のモデル
オリジナル

備考
2002年にキッズ市場
向けに再リリースされた。

ロードスターは何よりも快適性を重視してデザインされたが、スタイルでも決して妥協しなかった。アッパーに使われているナイロンとスエード素材もこの点で効果的だった。多くのカラーで発売された。

CONVERSE ONE STAR

コンバース ワンスター

スタイリッシュな定番モデルには
スターの品格が漂う。

いつも「オールスター」の陰に隠れて目立たなかったかもしれないが、サーフィンやスケートボードサークルでの人気がワンスターをアメリカ文化の象徴に押し上げた。スエード版はとくに1970年代から80年代に大人気だった。ソールの耐久性とアッパーの柔軟性の組み合わせがスポーツに理想的なモデルだ。

徐々にプロの間でも支持されるようになり、スケートボーダーのガイ・マリアーノがこのスニーカーの質のよさを認めて、自ら履き始めた。ニルヴァーナのボーカル、カート・コバーンもこのモデルを好んだことで知られる。

シューズデータ

発売
1974年

オリジナル用途
バスケットボール

写真のモデル
復刻版

備考
2004年、ファッションデザイナーのジョン・ヴァルヴェイトスとのコラボで特別限定版が作られた。

CONVERSE ALL STAR PRO

コンバース オールスタープロ

ビッグスターたちもこのシューズを履いて
最高のゲームでプレーした。

シューズデータ

発売
1979年

オリジナル用途
バスケットボール

写真のモデル
オリジナル／復刻版

備考
愛称"Dr J"で知られるジュリアス・アーヴィングもこのシューズを着用した。

高性能のバスケットボールシューズとして、1970年代末に発売された。ほとんどがホワイトレザーだったが、他のカラーもある。

後継モデルはさらに洗練され、アウトソールが厚くなり、アンクルサポートのパッドも厚みを増した。 何年たっても衰えない人気のためにコンバースのカタログから消えることはなく、現在もスニーカーファンの揺るぎない支持を集めている。

CONVERSE
ALL STAR
CONVERSE
ALL STAR

CONVERSE WEAPON

コンバース ウェポン

「あなたの武器（ウェポン）を選ぼう」のスローガンが消費者のハートを射止めた。

ウェポンはバスケットボールチームのチームカラーにマッチする幅広いカラーバリエーションで発売された。NBAの大物スター、ラリー・バードとマジック・ジョンソンはどちらもこのモデルを履いていた。ハイカットとローカットの2種類があり、コンバースの「Yバー・アンクルサポート」システムがシューズの周囲をしっかり包み、靴の中で足が滑るのを最小限に抑える。

アッパーとアウトソールに改良を加えたウェポンの新バージョンが、オストリッチスキン仕上げで2004年に発売された。しかし、多くのコレクターの心をつかむことはできなかった。

シューズデータ

発売
1986年

オリジナル用途
バスケットボール

写真のモデル
オリジナル／復刻版

備考
2004年に
オストリッチスキンの
特別版が作られた。

↑
2004年版

CONVERSE 616 コンバース 616

高さのあるアンクルサポートによる究極のプロテクション。

1990年代初めにCONSラインとして発売されたモデル。大きなプラスチックのヒールストラップで安定性とサポート力を高め、バスケットボール選手とファンにアピールすることを意図してデザインされた。

タン上部の大きな白いエリアはバスケットボールに使われているのと同じタイプのラバー製で、このスポーツに特別の敬意を払っている。616は数種類のカラーリングで製造された。

616

シューズデータ

発売
1991年

オリジナル用途
バスケットボール

写真のモデル
オリジナル

備考
1992年にミッドカット版が発売された。

CONVERSE NBA コンバース NBA

アンクルサポートの大きな刺繍のロゴはチームカラーに合わせることができた。

高性能のバスケットボールシューズで、タンのNBAのロゴが特徴。チームカラーに合わせてロゴの色を選ぶことができた。厚みのあるアンクルサポートとトラクション・アウトソールが、ルックスに目新しさを加えている。

NBA

シューズデータ

発売
1980年代

オリジナル用途
バスケットボール

写真のモデル
オリジナル

備考
NBA公認のライセンス製品。

JACK PURCELL

シューズデータ

発売
1935年

オリジナル用途
バドミントン

写真のモデル
復刻版／ジョン・ヴァルヴェイトスとのコラボ版

備考
2004年にデザイナーのジョン・ヴァルヴェイトスとの特別コラボ版が作られた。

↑
ジョン・ヴァルヴェイトスとのコラボ版

CONVERSE
JACK PURCELL

コンバース ジャックパーセル

ゲームの頂点。

1930年代の有名なバドミントンチャンピオン、ジャック・パーセルにちなんだこのモデルは、もともとはB・F・グッドリッチ社（現グッドリッチ）の製品だった。この会社のゴム部門を買収したコンバースが、このモデルに自社スタンプを押し、ジャック・パーセルの名前を加えた。それ以来、伝説のスニーカーとしての地位を確立した。

このスニーカーはカプセルで包んだトウピースが自慢で、シンプルに見えるアッパーに耐久性とグリップ力を加えている。デザインは1930年代からほとんど変わっていないが、タン部分に軽くパッドを加え、インソールを厚くし、金属製アイレットで現代的に見えるように少しばかり化粧直しをした。

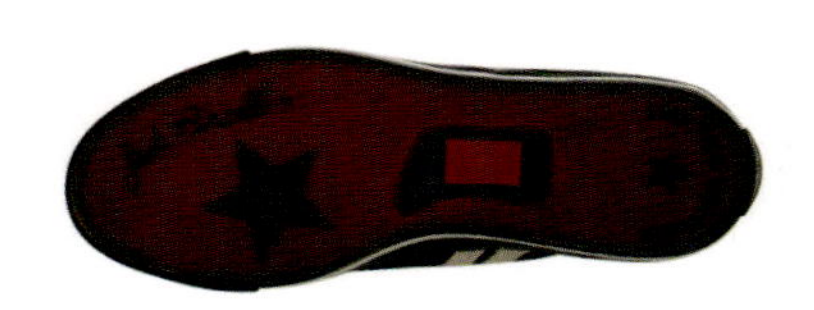

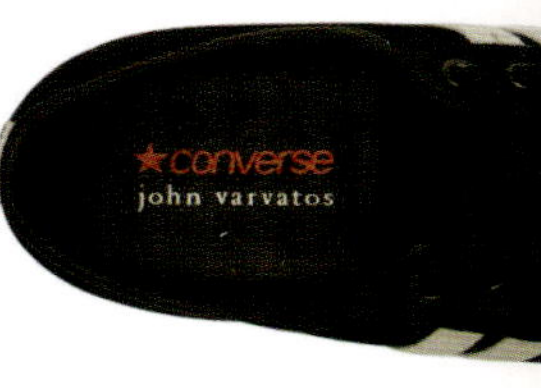

CONVERSE JIMMY CONNORS

コンバース ジミーコナーズ

ジミー・コナーズの思い切ったプレースタイルは、世界中に永遠のファンを獲得した。

アメリカのプロテニスプレイヤー、ジミー・コナーズのシグネチャーモデルとして1980年代半ばにリリースされた。シンプルなデザインはコナーズのカリスマ的なテニススタイルを反映したものではない。サイドパネルにはコンバースの星のロゴがないが、タンにコナーズの名前が刻まれている。

シューズデータ

発売
1980年代

オリジナル用途
テニス

写真のモデル
オリジナル

備考
ジミー・コナーズはコンバースを履かなくても最高のプレーができた。彼はコンバースのソックスを履いていたが、試合のときにはナイキの「エアテックチャレンジ」を履いていた。

CONVERSE CHRIS EVERT

コンバース クリスエバート

エバートは選手時代を通じて
コンバースがスポンサーだった。

　この特別モデルのアッパーはなめらかなレザー製で、トウボックスには小さな空気穴を開けている。 80年代のテニスシューズはシンプルで、大会規制に従って地味なものになる傾向があった。 クリスエバートもその例外ではない。
　このモデルは非常に洗練されていたので、鮮やかな色は必要としなかった。 グレーとシルバーが控えめに使われているだけだ。

CHRIS EVERT

シューズデータ

発売
1980年代

オリジナル用途
テニス

写真のモデル
オリジナル

備考
エバートは34回グランドスラムの決勝に進み、その18回で勝利した。 ウィンブルドンで3度、全仏オープンで7度、全豪オープンで2度、全米オープンで6度優勝した。

FILA

FILA フィラ

フィラの掲げるミッション──「スポーツを贅沢に」──は、その慎ましい起源からはほど遠いものに思える。イタリアのビエッラで1911年に創業したこのブランドにとって、そのイタリアの伝統こそが進化へのカギとなった。現在はアメリカのスポーツブランズ・インターナショナル(SBI)の傘下にある。

繊維メーカーとして設立されたフィラは、1973年にこの分野での専門知識を生かしてスポーツ業界への参入を決めた。このブランドの最も重要なイノベーションは、テニスウェア用のチューブ型コットンリブの開発で、色鮮やかなテニスウェアの導入がそれに続いた。はじめて白以外の試合用ウェアを提供したのがフィラだったのだ。

スウェーデン出身のテニス界のスター、ビョルン・ボルグは、フィラとエンドースメント契約を結んだ有名選手のひとりだった。彼は11年のキャリアの中で、5年連続でウィンブルドンを制覇し、全仏オープンでも6度優勝した。1975年のデヴィスカップでも、スウェーデンがチェコスロヴァキア(当時)を抑えて優勝するのに貢献している。コットンリブの長期的成功は、ボルグの人気あってこそだった。フィラのロゴの入ったテニスウェアを誇らしく着用した有名テニス選手には、ほかにボリス・ベッカーやモニカ・セレシュ、ジェニファー・カプリアティらがいる。

フィラは1980年代と90年代を通じてテニス界の主要ブランドだったが、陸上競技、モータースポーツ、野球、バスケットボール、サッカーでも人気をつかんだ。技術的に高度な数々の素材の開発にも取り組み、なかでもスプリンター向けの軽量で反応が速い「スピードテック」や、ヒールの衝撃吸収性を高める「3アクション」システムが知られている。

小売業にも進出し、2001年にミラノで「フィラ・スポーツ・ライフストア」を出店したのに続き、パリと東京にも同様の店舗を出した。現在は世界50カ国でこのブランドを入手できる。

FILA FITNESS / F13 フィラ フィットネス／F13

このモデルは世界を席巻したようだ……
どこに行っても目に入った！

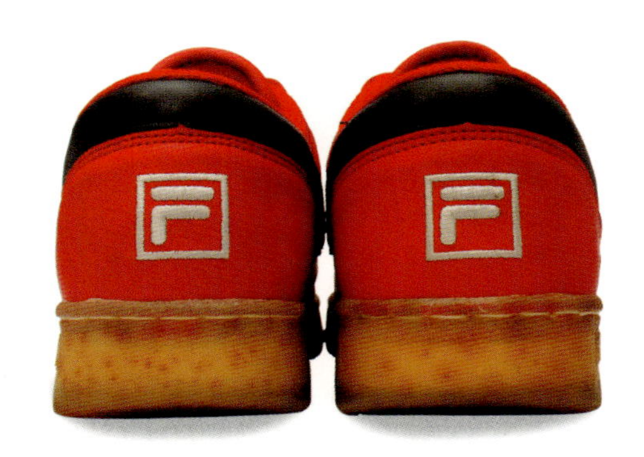

リーボックの男性用フィットネスと女性用エアロビクスラインが市場に登場したのは、フィラのフィットネスと同じ時期だった。フィラはミッドカット（アンクルストラップ付き）とローカットのスニーカーを豊富なカラーバリエーションで発表した。

色の選択は大きく2種類に分かれ、トップからボトムまで単色のものと、アウトソールとアッパーがまったく違う色のものがあった。世界的に最も人気があったのはレッドのアッパーにネイビーのアウトソールの組み合わせだが、ヨーロッパではオレンジが流行した。

2003年、フィットネスはF13の名前で再リリースされた。見かけはフィットネスとわずかに異なる。アウトソールの後ろ側に「Fila」の文字がプリントされ、ミッドソールは3色使いになった。

シューズデータ

発売
1988年

オリジナル用途
フィットネス

写真のモデル
オリジナル

備考
復刻版は「F13」と呼ばれた。

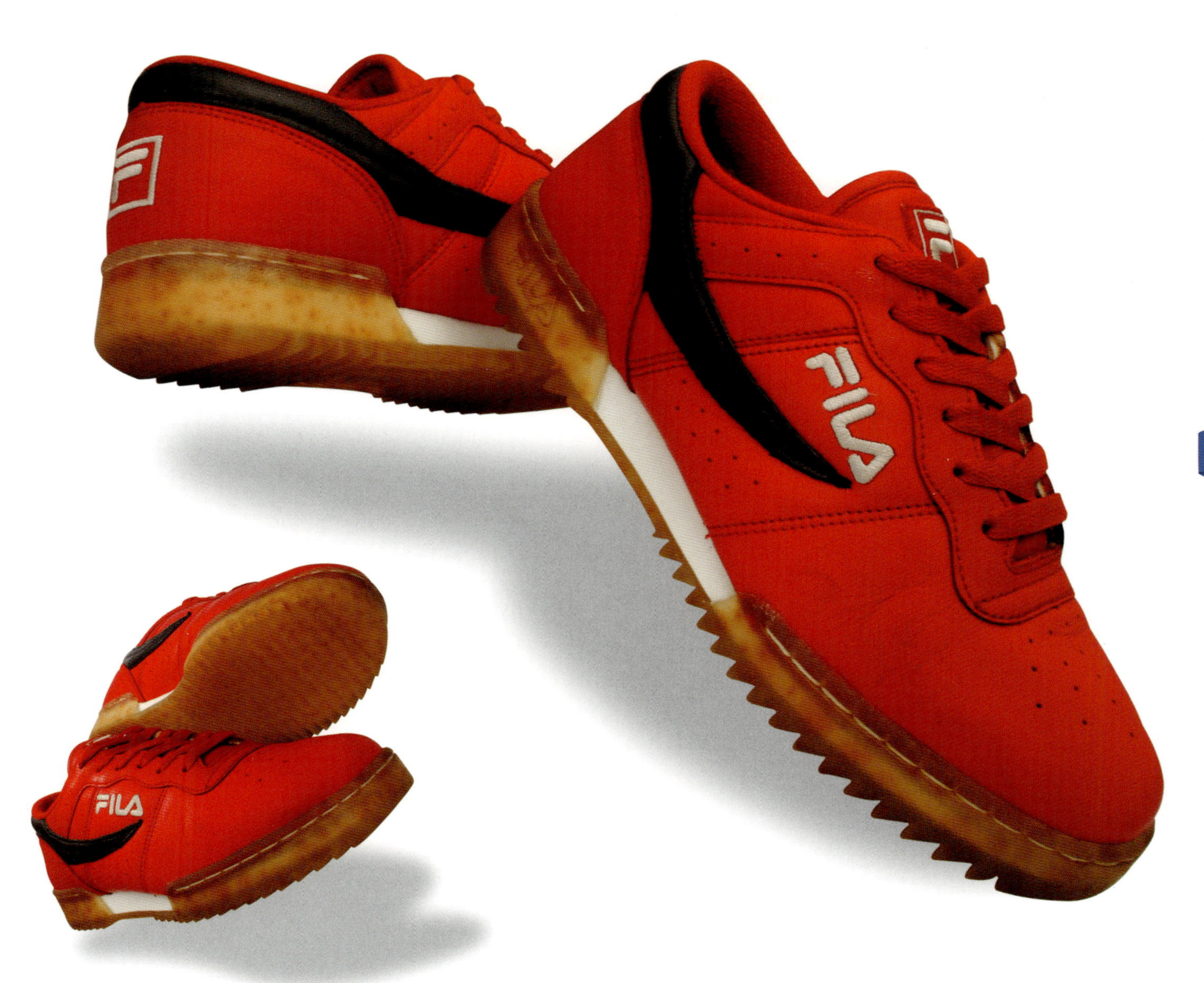
FILA
FILA

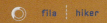

FILA HIKER
フィラ ハイカー

シンプルなスタイルながらインパクトは強烈。

HIKER

シューズデータ

発売
1990年

オリジナル用途
アウトドアランニング

写真のモデル
オリジナル

備考
ハイカーとトレイル
ブレイザーはよく似た
アウトソールを使っている。

1990年の冬に発表されたモデル。屋外用ランニングシューズの需要の高まりに応えたものだ。フィラはこのニューモデルと「トレイルブレイザー」で――どちらも世界中で販売された――市場の独占をもくろんでいたが、消費者の心をつかんだのはシンプルなデザインながらカラーが人目を引くハイカーのほうだった。

アッパーにはレザーかスエードを使い、靴ひも部分にはD型アイレットとフックを採用した。ブランドネームがぼってりした文字でソールの4カ所にあしらわれている。泥や雪の上にブランドを刻むには理想的なシューズだった。

NEW BALANCE ニューバランス

ブランドヒストリー

マサチューセッツ州を拠点とするニューバランス・アーチ・カンパニーは、1906年にイギリス生まれの実業家ウィリアム・J・ライリーによって設立された。もとは整形外科用製品を販売していた企業で、アーチサポートや矯正靴を専門にしていた。

1934年、ライリーは同社製品の販売に携わっていたアーサー・ホールとパートナーシップを結んだ。ホールは警察官のような身体的にきつい仕事についている人たち向けのサポート製品を売ることで、シューズ部門にニッチ市場を切り開いていた。

ところが1950年代になると、ニューバランス製品の絶大な効果が評判となり、アスリートたちがオーダーメイドのシューズを求めてひっきりなしに連絡してくるようになった。その後、会社の経営はホールの娘とその夫ポール・キッドの手に委ねられた。

ニューバランスが製造する運動用製品の量は急速に増加し、たちまちこのメーカーの主力製品となる。こうして1961年に発売されたのが「トラックスター」で、リップルソール（さざ波状のソール）をはじめて搭載した高性能のランニングシューズとして宣伝された。もうひとつの特徴は、靴幅の種類を豊富に用意したことだ。

1972年、キッド夫妻は起業家のジム・S・デイヴィスにニューバランスを売却し、再び経営者が変わる。1976年までにはまだ小さいながらもその名は世界的に知られるようになり、画期的なモデル「320」が『ランナーズ・ワールド』誌の賞で1位に輝いた。

以来、その勢いはとどまるところを知らず、ニューバランスは今でも世界のエリートスポーツフットウェアメーカーに名を連ねている。現在はバスケットボール、テニス、ハイキングなど、幅広い用途のシューズを製造している。1980年代に発売された「576」(p.92-93)は、今も人気スニーカーとしての地位を守っている。

NEW BALANCE 030

ニューバランス 030

究極のキッズ向けスニーカー。

80年代初期に発表されたランニングシューズで、キッズ市場に特化した製品として開発された。アッパーはナイロン製に豚革のトリミング。大人用サイズが作られなかったことが残念でならない。

シューズデータ

発売
1982年

オリジナル用途
ランニング

写真のモデル
オリジナル

備考
030はまだ再リリースされていない。

NEW BALANCE 574

ニューバランス 574

**魅力的な価格と靴幅を変えた
豊富なサイズが真の勝者。**

ランニング用にデザインされた574は、ミッドソールにニューバランスのENCAPシステムを採用し、安定性と衝撃軽減性を高めている。年数を経るとともに人気も上がった。アッパーは全体がレザーのものと、スエードとナイロンメッシュのものがある。2003年には、新しいカラーと素材の組み合わせとして、ヌバックとナイロンメッシュを使ったものなどが作られた。

シューズデータ

発売
1988年

オリジナル用途
ランニング

写真のモデル
復刻版

備考
クッショニングシステムはEVAのコア部分をPUで包んでいる。
これが安定性を高め衝撃を分散させる。

NEW BALANCE 576

ニューバランス 576

最初は別の名称で発売された。

576はアメリカ市場向けにデザインされたものだったが、期待されるほどの売り上げは得られず、その結果、大量の素材の在庫を抱えることになった。アメリカ本社を訪ねたドイツの販売マネージャーにあるアイデアがひらめいた。自国ドイツの市場に機会を見いだしたのだ。こうして未使用の素材がドイツに送られ、576のウォーキングシューズが生まれた。

評判はよく、売り上げもそれなりによかったが、576は最後には生産中止となった。しかし、1997年に市場にカムバックを果たし、すぐにパリ、ロンドン、ミラノのあらゆるスポーツ用品店がこのモデルを店頭に並べたいと考えるようになった。

オリジナルの豚革を使ったモデルはブラック、ネイビー、スカーレット（レッド）、ムーランルージュ（オレンジ）、プラムワイン（パープル）、サラダグリーンという色揃えで発売された。しかし、576の人気の理由は、その流れるようなラインと履き心地のよさにあった。

↑
クルックトタンとのコラボ版

シューズデータ

発売
1988年

オリジナル用途
ランニング

写真のモデル
復刻版／クルックトタンとのコラボ版

備考
1990年代末にヌバック、フルグレインレザー、試作品のみのワールドカップ'98のチームカラーで576が再リリースされた。今ではかなりの収集価値がある。

NB
MADE IN ENGLAND
576

NEW BALANCE 577

ニューバランス 577

本格派ランナー向けの サポート力の高いモデル。

1989年発売のオリジナルのカラーはネイビー／グレーだった。このモデルは世界中で販売されているニューバランスのランニングシューズラインの重要な一角を占めている。まったく同じデザインのまま売られているイギリスではとくに人気が高く、忠実なコアのファンを持つ。

2002年、高級感のあるフルグレインレザーで6色が発売されたことで、577は再びヨーロッパ市場を席巻した。このパターンは日本市場でも繰り返され、日本ではさらにパイン／グリーン／ホワイト、ネイビー／ブラックケブラー、ブラウン／シェール、ホワイトの4色が加わった。

シューズデータ

発売
1989年

オリジナル用途
ランニング

写真のモデル
復刻版／限定版

備考
90年代にはイスラエル軍向けにブラック／チャコールが作られた。

NEW BALANCE 580

ニューバランス 580

特別コラボレーションの限定品。

2003年、ニューバランスと衣料ブランド「ステューシー」、日本拠点のショップ「リアルマッドヘクティク」のコラボレーション用に選ばれたモデルが580だった。これはすばらしい選択だったことが証明された。580はすでに中国で発表されていたモデルだが、アジア以外ではそれほど知られておらず、新しいコラボ版のターゲット市場は日本と香港だった。ほかにはないカラーがこのモデルの魅力を高め、ヒール上の刺繍もよく目立った。起伏のあるミッドソールも際立った特徴で、素材にはレザーとスエードがさまざまな組み合わせで使われた。

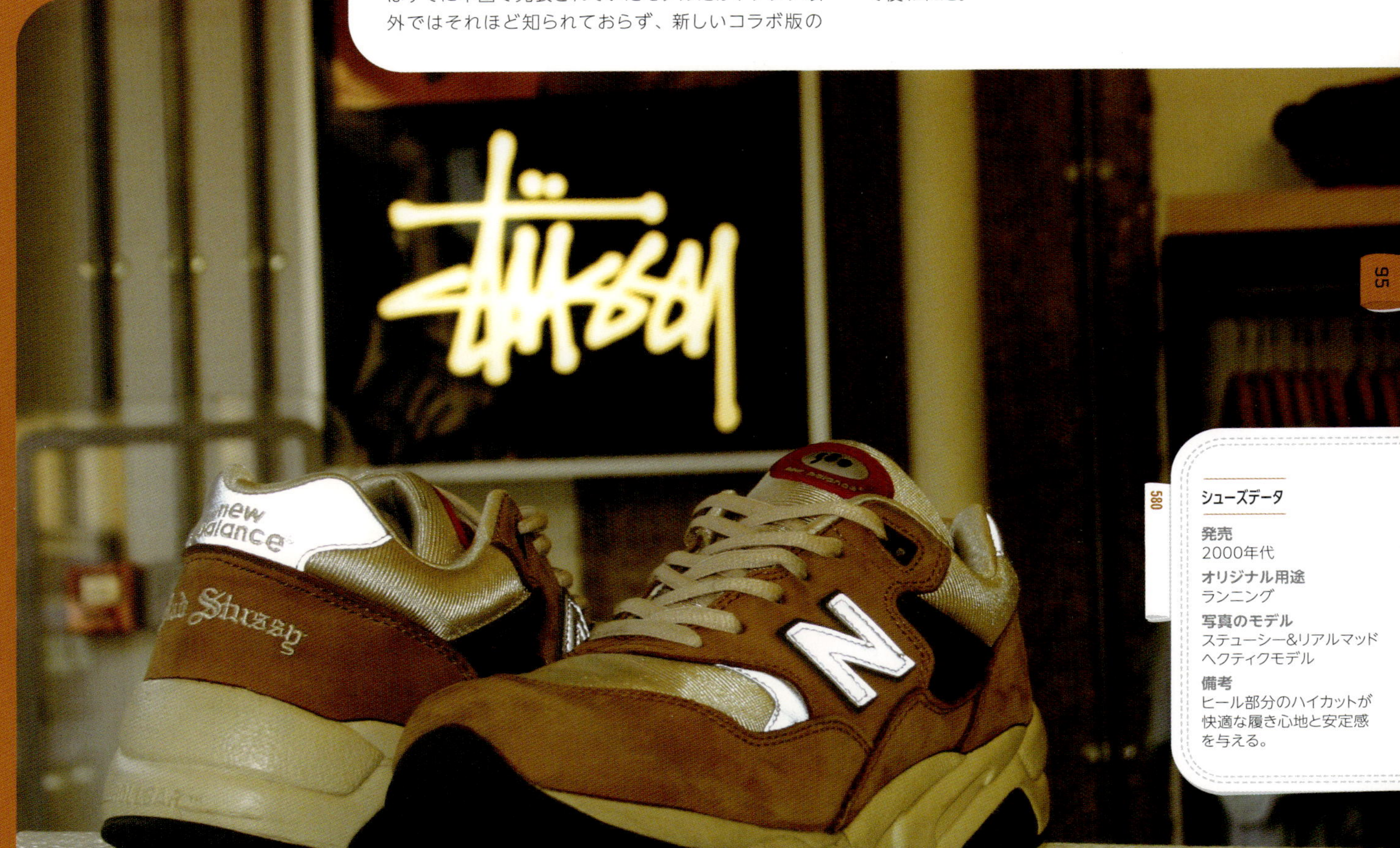

580

シューズデータ

発売
2000年代

オリジナル用途
ランニング

写真のモデル
ステューシー&リアルマッドヘクティクモデル

備考
ヒール部分のハイカットが快適な履き心地と安定感を与える。

NEW BALANCE 996

ニューバランス 996

オリジナルのグレー／シルバーが一番人気。

996は目の肥えたスポーツパーソン向けのランニングシューズとして推薦された。2種類のソール型（製造過程でアッパーとアウトソールの形状を決めるために使われる型）から作られた最初のニューバランスのシューズだった。一方は幅が狭い足用、もう一方は幅広の足用だ。

996は大ヒットし、とくにアメリカでの評価が高かった。価格100ドルを超えた初のランニングシューズでもある。

シューズデータ

発売
1987年

オリジナル用途
ランニング

写真のモデル
復刻版

備考
1998年にキッズ向けに幅広いカラーで再リリースされた。オリジナルはセレコムのアッパーだが、のちにはレザーに変わり、ひもタイプとベルクロタイプが作られた。

NEW BALANCE 1500

ニューバランス 1500

同じ重さの黄金にも匹敵する価値。

全体的にほっそりしたシルエットで、576や577からさらに進化している。ニューバランスによれば「完璧なランニングシューズに最も近づいた」モデルで、イギリスでは100ポンドを超える価格がついた最初のスニーカーとして新境地を開拓した。オリジナルのカラーはグレーにブルーのトリム。その後再リリースされた。

1500

シューズデータ

発売
1993年

オリジナル用途
ランニング

写真のモデル
オリジナル／復刻版

備考
イギリスと日本で再リリースされた。

NIKE ナイキ

ブランドヒストリー

オレゴン大学の会計学専攻の学生で中距離ランナーだったフィル・ナイトと、彼のコーチをしていたビル・バウワーマンが、ナイキの種をまいた。彼らの友情はスポーツとの関係だけでなく、スポーツシューズとスポーツウェアの製造テクノロジー、そして、スポーツブランドが自らを宣伝する方法まで変えることになった。

1962年、大学での学業を終えたナイトは世界一周の旅に出た。日本での滞在中、彼にビル・バウワーマンと共通するビジネスプランが芽生えた。日本のランニングシューズを手ごろな価格で買い取り、アメリカに輸入するという野心だ。ナイトはオニツカタイガーとの接触を始める。面談で自分の会社についてたずねられたときには、ブルーリボンスポーツ(BRS)を代表してきていると適当な社名をでっち上げて切り抜けた。最初の200足がアメリカに到着したのは1963年12月のことだった。これが転機となり、2人がそれぞれ500ドルほどを投資して設立した会社は、大学の運動選手からすぐさま高い評価を得た。まもなくバウワーマンはオニツカのシューズのデザインを改善する方法をあれこれ思い描くようになり、ナイトは自分たちでシューズを製造し販売すればどれだけ利益が上がるだろうと考えるようになる。

1971年、従業員のひとりだったジェフ・ジョンソンが(どうやら眠っている間に)ナイキという社名を思いついた。ギリシャ神話の勝利の女神にちなんだ名だ。そして、ナイトと同じ大学に通っていたキャロライン・デヴィッドソンがロゴのデザインを依頼された。彼女はいまや世界中で知られる「スウォッシュ」を考案し、こうしてナイキの名前とブランドが生まれた。

1972年、オニツカタイガーとの関係を清算した後に、アメリカのオリンピック選考会でデビューを果たしたのが「ムーンシューズ」だった。1年後、中距離ランナーのスティーヴ・プリフォンテンが、一流アスリートとしてははじめてナイキのシューズを着用した。1974年、バウワーマンはアウトソール用の新しいイノベーションとして、ワッフルを作るための鉄製の機器にゴムを流し込んで作るワッフルソールを思いついた(この簡単な実験がどのようにスニーカーデザインの最大の発明のひとつになったかについては、100ページを参照)。1978年までには、ナイキは販売網を世界に広げていた。

ケニアのマラソン選手ヘンリー・ロノは、ナイキを履いて4度世界記録を更新した。テニス界のスター、ジョン・マッケンローもナイキ製品を使い始め、テニス界へもこのブランドへの関心が広まった。1979年、特許技術「エアソール」を使った初のランニングシューズ「テイルウィンド」が発売された。1985年には、まだ新人だったマイケル・ジョーダンと契約し、まったく新しいシューズおよびアパレルラインが創設された。バスケットボールシューズの「エアジョーダン」(p.148-149)は、世界で最も人気のスニーカーのひとつになる。

「エアマックス」(p.106)の発売は1987年で、同じ時期にナイキ初の多目的シューズ「エアトレーナー」も発売された(p.152-153)。どちらもナイキが他のライバル会社を引き離して独走するのに貢献した。ナイキはスポーツデザインとイノベーションでは業界のリーダーとなり、アンドレ・アガシ、ロナウド、タイガー・ウッズをはじめ、世界的に有名なスポーツ界のスターの多くとエンドースメント契約を結んできた。

ナイキの強さの秘密は3つある。アスリートのウォンツとニーズを直観的に感じ取れること(オレゴンの陸上トラックで身につけた感覚)、技術的イノベーションの追及、そして、ブランディングとマーケティングへの積極的姿勢である。これによって、スポーツシューズとアパレルのプロモーション方法が完全に変わった。

NIKE WAFFLE TRAINER

ナイキ ワッフルトレーナー

コルテスと間違われることもある。

ワッフルトレーナーには2種類ある。最初のモデルは1974年の発売。その1年後に発売された2番目のモデルは、安定性を高めるために外側に広がったアウトソールを採用した。1976年にはUCLAのチームカラー版が作られ、2002年に再リリースされた。

ワッフルトレーナーは、ワッフルソールを採用したアウトソールも特徴のひとつだ。これはビル・バウワーマンがワッフルの焼き型で実験した結果生まれたもので、「ムーンシューズ」で最初に使われた。

シューズデータ

発売
1974年

オリジナル用途
ランニング

写真のモデル
オリジナル

備考
1977年には「レディ・ワッフルトレーナー」も発売された。

NIKE MARATHON

ナイキ マラソン

博物館に飾ってほしいほどの美しさを誇る永遠のスニーカー。

日本で製造されたモデルで、ナイロン製のアッパーを持つナイキの初期モデルのひとつ。軽量シューズの特徴であるナイロンのアッパーは、当時はまだ市場全般で非常にめずらしかった。豚革を使った特徴的なトウピースが、アッパーを補強している。

デザインの特徴は現在の基準からすればシンプルに見えるかもしれないが、1972年当時には高度な技術が使われたシューズとみなされた。とくにヒールカウンターは時代に先がけていた。ヒールを高くした部分が足に伝わる衝撃を和らげる。シューズ用テクノロジーの開発が始まったのは1980年代だなどと、誰が言ったのか?

マラソンはナイキのランニングシューズの歴史の中でも重要な時代を代表する。間違いなく、決して手放してはいけない1足だ。

MARATHON

シューズデータ

発売
1972年

オリジナル用途
ランニング

写真のモデル
オリジナル

備考
ナイキが80年代初めまで使っていた、初期の太いスウォッシュが特徴。

NIKE
AIR SOCK RACER

ナイキ エアソックレーサー

レモンドロップイエローは
思い切った挑戦だった。

1985年に発売された革新的モデル。一枚布のアッパーはそれまでのナイキのシューズにはなかったデザインだ。通気性のよい合成メッシュを編んだものでサーフィン用シューズを思わせる。靴ひもの代わりに2本のストラップが使われている。

ノルウェーの女子陸上選手イングリッド・クリスチャンセンがオリンピック選考会でこのシューズを履いた。2004年に再リリースされている。

シューズデータ

発売
1985年

オリジナル用途
ランニング

写真のモデル
オリジナル

備考
オリジナルの(強度に欠けた)パイライトのミッドソールに代わり、2004年の再リリース版ではEVAが使われた。

NIKE AIR SAFARI

ナイキ エアサファリ

ランニング用、トラック競技用にデザインされたが、トレッキングシューズと呼ばれることもある。

20年近くは時代を先取りしていたとみなされるこのモデルは、最初はそれほど人気が出なかった。その原因は2つある。まず、ナイキが発売当初にあまり積極的に宣伝しなかったこと。そして、消費者が定番カラーのシンプルなランニングシューズを好んだことだ。爆発的な人気を得たのは、もっと後になってからのことだった。

レザーのアッパーはランニングシューズとしてはめずらしいスタイルで、オレンジのような中間色を使ったことも特徴だ。アニマル柄のグレーのパネルがさらに混乱を招くことになった。

このシューズはヒップホップ・アーティストのビズ・マーキーのアルバム『ゴーイン・オフ(Goin' Off)』の裏ジャケットに登場した。その結果、非公式ながらビズがこのブランドと結びつけられるようになった。スニーカーファンのウェブサイトにたびたび取り上げられるようになり、2003年に再リリースされた。

AIR SAFARI

シューズデータ

発売
1987年

オリジナル用途
ランニング／トラックスポーツ

写真のモデル
オリジナル

備考
復刻版は大ヒットし、新たなカラーも加わった。

NIKE AIR FLOW

ナイキ エアフロー

アピルのために
デザインされたように見える。

シューズデータ

発売
1989年

オリジナル用途
ランニング

写真のモデル
オリジナル

備考
1990年発売の
「エアカレント」
(「エアハラチ」の先行
モデル)によく似ている。
どちらも「エアハラチ」の
テクノロジーへの
進化に貢献した。

鮮やかで変化に富んだカラーを取りそろえたナイキの「エアインターナショナル '89秋」コレクションに出品されたモデル。軽量のランニングシューズでミッドソール部に「エアソール」ユニットを組み込み、クッション性を高めていることが最大のポイントだった。アッパーにはナイロン、ライクラ、合成スエードが使われ、靴下を履いているかのようにフィットする。夏には理想的なシューズだった。

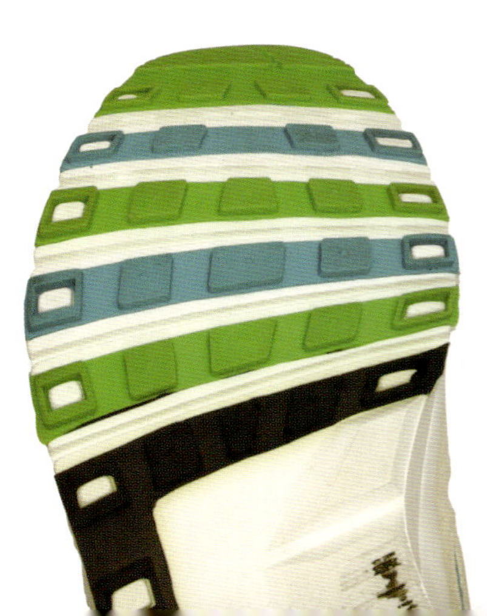

NIKE AIR FOOTSCAPE

ナイキ エアフットスケープ

革命的な靴ひもコンセプトで ファンを魅了した。

エアフットスケープはアメリカ東海岸で人気に火がつき、大勢がトレンドを追うようになって、その熱狂はやがて西海岸にも達した。宣伝キャッチフレーズにはこう書かれていた。「研究開発を行ったのはナイキの優秀な製品工学チームとスポーツ研究ラボ」。実際、エアフットスケープは足幅の広い人たち向けに開発されたモデルだった。

靴ひもをサイドに持ってきたのもイノベーションのひとつで、足のサイズにかかわらず、履いた感じがなめらかな流線型に見える。徐々にカラーバリエーションが増えていったが、オリジナルのグレー／ブルーが今も最も人気がある。

ナイキの「エスケープ」のカラーラインナップで製造されたACG(全天候型ギア)も、人気アイテムのひとつになった。とくに2002年秋冬用にタイミングを合わせてリリースされたロンドンでは評判がよかった。

AIR FOOTSCAPE

シューズデータ

発売
1995年

オリジナル用途
ランニング

写真のモデル
オリジナル

備考
オリジナルカラーのグレー／ブルーと女性用のグレー／パープルは今も収集価値が高く、情報通によれば年々高い値がつけられている。

NIKE AIR MAX

ナイキ エアマックス

これは本物？　ひねりつぶしてみてもいい？

シューズデータ

発売
1987年

オリジナル用途
ランニング

写真のモデル
オリジナル

備考
1988年にエアマックス初のレザー版が発売された。

エアマックスはナイキの「エア」クッショニングシステムがはっきり見える。百聞は一見にしかず。後部の透明なウィンドウは大当たりだった！アッパーはナイロンメッシュと合成スエードでできている。

1987年以降、エアマックスは時代の好みに合わせて、さまざまなカラーと素材の組み合わせで製造されてきた。最初の再リリースは1992年で、デザインの変化の兆しとなった。この再リリース版には「エアマックス3」（現在のエアマックス90）のミッドソールとアウトソールが使われた。すべてレザー製だったが、1995年にナイロン製のものが再リリースされた。さらに1996年にはサイドのスウォッシュが少し小さくなった。

ナイキはスニーカーの製法をつねに実験している。2003年に日本を拠点としたスニーカー専門店アトモスの協力を得て2種類のバージョンが作られた。エアマックスは現在も進化を続けている。

NIKE AIR MAX 90

ナイキ エアマックス 90

主張するシューズ。

エアマックス90は2000年の再リリースまでは「エアマックス」または「エアマックス3」と呼ばれていた。現在の名称の「90」は発売年の1990年からとったものだ。

最初にリリースされたカラーリングは男性用のホワイト／ブラック／クールグレー／レッド。控えめに言っても、かなり目立った。内部が見えるエアウィンドウの周りの鮮やかなレッドがミッドソールの厚みを強調し、それと合わせたサーモプラスチックのストラップとラバーのヒールパッチが全体に統一感を与えて効果を高めている。アッパーはドゥーロメッシュ、合成スエード、合成レザー製。クリーンなラインとまばゆいばかりのカラーで、人気に火がついた。

同じ年、ナイキは数種類のカラーリングでレザー製の特別限定版を発売した。ブラック単色のレザー版はとくに希少価値が高い。2002年には本当に驚くようなバージョンがいくつか加わった。「エスケープ・エアマックス90」とパイソン柄は、どちらもコレクターの需要が高い。このモデルはとくにヨーロッパで人気だった。

↑
エアマックス93

AIR MAX 90

シューズデータ

発売
1990年

オリジナル用途
ランニング

写真のモデル
復刻版

備考
エアマックス90はナイキ初期の「限定版」ラインのひとつだった。

NIKE AIR MAX 93

ナイキ エアマックス 93

究極のプロテクション。

エアマックス93の最もよく引き合いに出される特徴は、ナイキのエアユニットをはっきり見せる270度の大きなウィンドウだ。エアソールユニットに含まれるエアの量も多くなり、したがって保護性も高まった。これは外部チューブを使ってガスを注入する「ブローモールディング」と呼ばれる新しいテクノロジーで、プラスチックを型に押し込む。エアマックス93は色つきのエアユニットを持つ最初のモデルだった。一方、靴下を履いているかのようなフィット感を与えるアッパーは、エアハラチ(p.108)とよく似ている。

このモデルは2003年に再リリースされた。同じ年、ナイキは「エスケープ」に影響されたバージョンと「エアモワブ」(p.118)も出している。エアモワブはヨーロッパでしか手に入らなかった。以来、世界中で豊富なカラーバリエーションで販売されている。

AIR MAX 93

シューズデータ

発売
1993年

オリジナル用途
ランニング

写真のモデル
オリジナル

備考
エアマックス93は「エアマックス270」と呼ばれていた。

エアマックス90 ->

NIKE AIR HUARACHE

ナイキ エアハラチ

他にはないルックスと フィット感を持つランニングシューズ。

その革新的なデザインとフィット感は信じられないほどだ。目に見えるテクノロジーはソックスに最小限のアッパーを加えたようなデザインだけ。これは「ハラチフィット」と呼ばれ、エアハラチの最大の魅力だ。ストレッチ素材のネオプレンとスパンデックスが足を包み込むようなフィット感を与える。「ハラチフィット」のコンセプトは「ハラチ」と呼ばれるネイティブアメリカンのサンダルから着想を得た。ブランディングはラバー製ヒールストラップの上の「Nike」の文字のみに抑えている。

1992年には限定版も発売された。アースカラーでヌバック製のアッパーは、冬に履くのに理想的だ。これが90年代のエアハラチのカラーバリエーションの最後のものになった。2000年には、オリジナルのグリーン／ロイヤルブルーが再発売された。

シューズデータ

発売
1991年

オリジナル用途
ランニング

写真のモデル
オリジナル／ステューシー版／ヌバック版

備考
2000年、ナイキは衣料会社ステューシーとのコラボレーションで新たに2色のエアハラチを製造した。この2色は世界中のスニーカーファンの間で高く評価された。

↑
ステューシー版

↑
ヌバック版

NIKE
AIR HUARACHE LIGHT

ナイキ エアハラチライト

好きか嫌いかは別として、
時代に先がけていたことは
間違いない。

1993年の発売だが、その奇抜なスタイルのためにエアハラチほどの人気は出なかった。"サメのような"見かけと風変わりなカラーが売れなかった理由という意見もある。エアハラチが明るい寒色を使っているのに対し、強烈な色のエアハラチライトは"醜いアヒルの子"のようだった。実際、このモデルの唯一「ハラチ」らしい特徴といえば、通気性のよいストレッチメッシュのアッパーぐらいのものだった。ナイロン製のアイレットと薄型のアウトソールはこのモデル独自のものだ。

2002年、ライトは再リリースされた。タイミングは完璧だったようだ。オリジナルのライトはエアハラチのようには大量生産されず、1993年当時にはカラーも2種類だけだった。男性用のブラック／ティール／アクアマリンと、女性用のホワイト／パープル／ブルーだ。2002年版は新しいカラーリングで発売され、新しいファン層を獲得した。

最も興味深いのは衣料ブランド「ステューシー」と日本の衣料品ショップ「ビームス」とのコラボで生まれた特別版だ。ステューシー版にはレザーが使われ、ビームス版はブラック単色またはグレー単色のアッパーというモノトーン路線だった。しかし、最も人気があるのはオリジナルの男性用ブラック／ティール／アクアマリンのまま変わっていない。

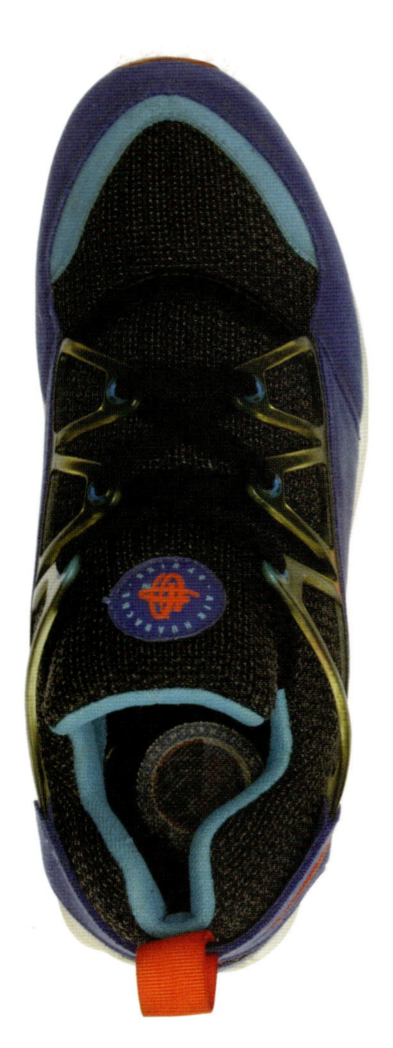

NIKE
AIR HUARACHE TRAINER

ナイキ エアハラチトレーナー

エアハラチのテクノロジーを
導入した初のクロストレーナー。

オリジナルのエアハラチが発売された翌年に発表された。クロストレーニング用のシューズで、「ハラチフィット」に加え、安定性を高めるための大きな調整可能のベルクロストラップを搭載している。スケルトンのフレームがネオプレンとスパンデックスのソックスを保護し、アッパーのくり抜きが通気性を高める。

オリジナルのエアハラチトレーナーは1994年に生産終了になったが、2002年に再リリースされた。ドミニカ共和国版が2003年に発売されている。

AIR HUARACHE TRAINER

シューズデータ

発売
1992年
オリジナル用途
ランニング
写真のモデル
復刻版
備考
2003年に新たなカラーで再リリースされた。

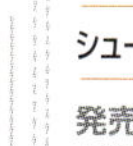

AIR HUARACHE LIGHT

シューズデータ

発売
1993年
オリジナル用途
ランニング
写真のモデル
オリジナル
備考
2004年、エアハラチライトと「エアバースト」という別のランニングシューズを組み合わせたハイブリッドシューズが作られた。

NIKE
AIR MAX 95
ナイキ エアマックス 95

スニーカーデザインを
新たなレベルへと押し上げた。
ナイキ最高のシューズという
評価もある。

デザイナーのセルジオ・ロザーノが人体からインスピレーションを得て生まれたのがエアマックス95だ（熱狂的スニーカーファンは'95sと呼ぶ）。ミッドソールが背骨を、グラデーションのパネルが筋肉繊維を、ループホールとストラップが肋骨を、そしてメッシュが皮膚を表す。

ナイキのブランディングは最小限に抑え、サイドパネル後部にスウォッシュをあしらうだけにとどめている。最初にリリースされたカラーは、ブラック／ネオンイエロー／ホワイトで、それまでのエアマックスにはなかった配色だった。ネオンイエローは目に見えるエアユニットを強調し、このモデルはフォアフット（靴の前側）にもエアユニットを使っているところが持ち味だ。これ自体がエキサイティングな新しい試みで、このシリーズの他のモデルとの最も際立った違いとなった。

運動テクノロジーを駆使したように見えるアッパーが、本格的ランニングシューズという印象を与える。エアユニット上に見える「25PSI」（空気圧）の文字とアウトソールがその印象を確信に変える。

1995年から96年にかけて製造された95は、特別にデザインされたボックス入りで、シューズのタンには「Air　Max　95」のロゴがある。1996年以降に製造された95には、エアユニット上に空気圧が表示されていない。

95の人気の最大の理由のひとつは、長い間に発売されてきたカラーの豊富さだ。これまで150以上のカラーが製造された。色と素材の実験を繰り返していることが、エアマックスファンからの変わらぬ支持の理由だ。

これまで、アッパーにはスエード、3Mスコッチライト、ナイロンメッシュ、合成レザー、プレミアムレザーなど、さまざまな素材が使われてきた。しかし、変更を加えてきたのはアッパーだけではない。アウトソールとループホールもすべて手が加えられてきた。

AIR MAX 95

シューズデータ

発売
1995年

オリジナル用途
ランニング

写真のモデル
オリジナル

備考
エアマックス95のアッパーは、ジップシューレースカバーを加えたときにわずかな変更がなされた。しかし、これは賢明な改良とは言えず、消費者の間では評判が悪かった。このバージョン（エアマックス95z）はすぐに生産終了に追い込まれた。

NIKE
AIR MAX 97

ナイキ エアマックス 97

**NASAが
デザインしたかのようだ。**

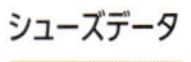

うわさによれば、このシューズは最初、「エアトータルマックス3」と呼ばれるはずだった。超モダンなルックスは、日本の新幹線からインスピレーションを得たものだ。

流線型のデザインとメタリックシルバーが際立ち、フルレングスのエアユニットはナイキの「エア」テクノロジーを強調する。反射素材を使ったトップの3本のラインはとくに夜には宇宙時代の「輝き」を与える。

97はヨーロッパでとくに人気が高かった。オリジナルの男性用シューズのカラーは、何度か再リリースされてきた。2001年にはスリッポン版も出たが、エアマックス97のファンには評判が悪かった。最もクールとされているカラーリングは1997年に日本でリリースされたブラック／ネオンイエロー／メタリックシルバーだ。

シューズデータ

発売
1997年

オリジナル用途
ランニング

写真のモデル
オリジナル

備考
フルレングスのエアユニットには、かかとから爪先まで最大の保護を与える工学的技術が用いられている。

NIKE
AIR ZOOM SPIRIDON
ナイキ エアズームスピリドン

最大限のブランディング、力強い反射。

ナイキの「エアズーム」システムを組み込んだ最初のランニングシューズのひとつ。足を地面により近づけることで、パフォーマンスを向上させクッション性を高める。メッシュのアッパーと魚のうろこのようなスウォッシュは人目を引かずにはおかない。細部へのクールなこだわりとして、ミッドソールとアウトソールのメタリックフリップもある。

AIR ZOOM SPIRIDON

シューズデータ

発売
1997年

オリジナル用途
ランニング

写真のモデル
オリジナル

備考
カラーは5種類。ロイヤルブルー／ブラックが最も数が少ない。

NIKE
AIR MAX PLUS

ナイキ エアマックスプラス

ストリートのティーンエイジャーに人気のスタイリッシュなスニーカー。

初リリース以降、販売国によってさまざまなカラーで製造されてきた。あまりに数が増えてすべてを把握するのがむずかしくなってしまったほどだ。アメリカ市場ではライトカラーが使われることが多く、アジア市場ではダークカラーのデザインが多かった。

ナイキは特定のカラーに人気が集中していることに気づき、そのいくつかを再リリースしてきた。たとえば「ハイパーブルー」は最近になって、トウガードのデザインをわずかに変えて再リリースされ、「ブラック」は定番のスエード部分を、特許をとったレザーに替えて再リリースされた。エアマックスプラス2、3、4、5など、ベーシックモデルの派生モデルや、最初のモデルのスリップオン版も作られたが、どれも売り上げはいまひとつだった。

このモデルはロンドンのヒップホップシーンやガレージシーンで確固たる人気を得たが、アメリカでは同じレベルの成功は得られなかった。

フェード柄 ->

格子柄 ->

花柄 ->

アッパーのグラデーションカラー効果はまったく新しいコンセプトのように見えるが、1984年にナイキジャパンがリリースした「テラレインボウ」が同様のぼかし効果を使っていた。このモデルが最初のファン層を獲得したのはこの特徴的なプリントのためだったが、後継バージョンでは、パターン柄（格子や花柄など）、レザーとヌバックスエードなど、さまざまな種類のアッパーが用いられた。

シューズデータ

発売
1998年

オリジナル用途
ランニング

写真のモデル
オリジナル

備考
このモデルはナイキの「チューンドエアシステム」を採用した最初のランニングシューズで、しばしば「エアTN」と呼ばれた。
プラスチック製のトウガードがフロント部分の汚れを防ぐ。

シューズデータ

発売
1972年

オリジナル用途
ランニング

写真のモデル
オリジナル／復刻版

備考
映画『フォレスト・ガンプ』で、トム・ハンクスがコルテッツを履いていた。

CORTEZ

NIKE CORTEZ

ナイキ コルテッツ

ナイキの代表作のひとつで、世界中で人気が出たモデル。

もとは「タイガーコルセア」と呼ばれていたが、1972年にナイキ（当時はブルーリボンスポーツの社名だった）とオニツカタイガーの提携が終了したことを機に、コルテッツの名称に変わった。

発売以来、コルテッツも何度かのデザイン変更を経てきた。オリジナルのレザーモデルはヒールプルが特徴で、1970年代にはナイロンとスエードのものも作られた。女性用の「セニョリータコルテッツ」は狭く丸みのあるトウが特徴で、アイレットの数も普通のコルテッツより少ない。その後、1980年代後半にレザーの蛇革柄スウォッシュのバージョンと「エスケープ」モデルが市場に出た。90年代半ばにはヨーロッパで再リリースされた。

2003年に、ナイキはインターネット上で新たな「ナイキIDシステム」の取り組みを始めた。消費者がたくさんの色の組み合わせの中から好みのものを選び、自分だけのコルテッツを作れるシステムだ。

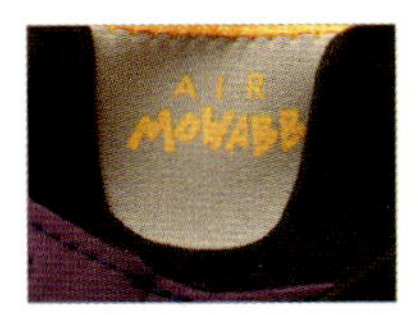

NIKE AIR MOWABB

ナイキ エアモワブ

ランニングシューズと
ハイキングシューズの
最高のハイブリッド。

このアウトドアトレーニングシューズはナイキ初のACGモデルのひとつで、「エアハラチ」と「ワイルドウッド」(p.120-121)を組み合わせたものだ。斑点模様のミッドソールは御影石のような見かけを与え、ダイナミックなフィットシステムは「ハラチ」とよく似ている。

1991年版にはACGのロゴがあしらわれているが、1992年製のものは「エアハラチ」のロゴが入っている。 1992年にはモノトーンの限定版も発売された。 コレクターの間では1991年のオリジナルのカラーが最も人気がある。

シューズデータ

発売
1991年

オリジナル用途
アウトドアトレーニング

写真のモデル
オリジナル

備考
2003年に
アップデート版が
リリースされた。

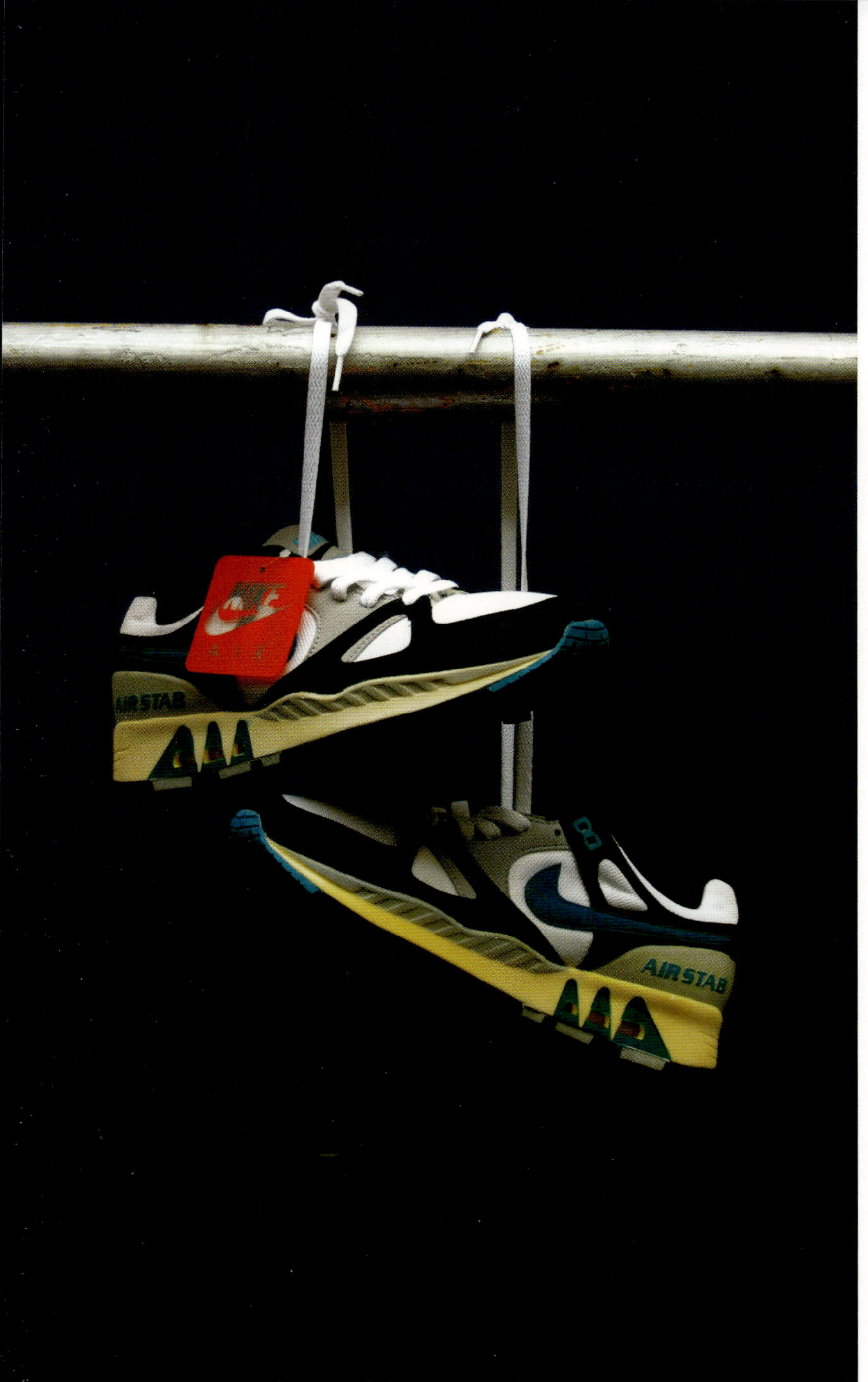

NIKE AIR STAB

ナイキ エアスタブ

中が見える
エアウィンドウの
「フォーク・スタブ」が攻撃的に見せる。

ミッドソールに安定性を高める「フットブリッジ」を採用したランニングシューズ。サーモプラスチックのヒールカウンター上の大きな「AIR STAB」の文字がよく目立つ。1990年春に生産を終了し、多くのファンをがっかりさせた。

シューズデータ

発売
1988年

オリジナル用途
ランニング

写真のモデル
オリジナル

備考
エアスタブはティンカー・ハットフィールドがデザインした。

NIKE WILDWOOD

ナイキ ワイルドウッド

過酷なアウトドア環境にも
耐えられる丈夫さ。

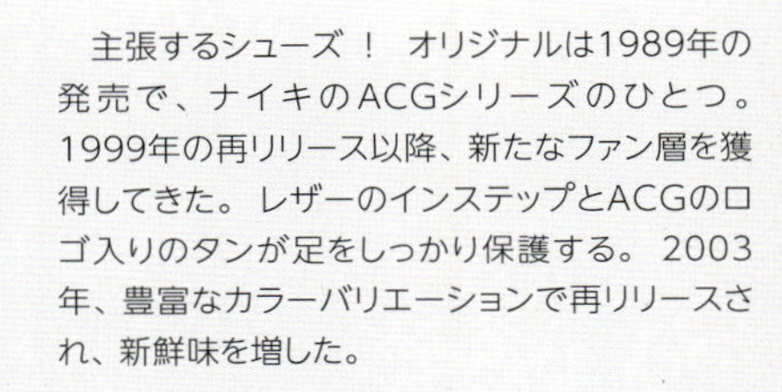

主張するシューズ！ オリジナルは1989年の発売で、ナイキのACGシリーズのひとつ。1999年の再リリース以降、新たなファン層を獲得してきた。レザーのインステップとACGのロゴ入りのタンが足をしっかり保護する。2003年、豊富なカラーバリエーションで再リリースされ、新鮮味を増した。

シューズデータ

WILDWOOD

発売
1989年

オリジナル用途
アウトドア／ランニング

写真のモデル
初回リイシュー版

備考
ACGのロゴは、All Condition Gear（全天候型ギア）の略。

ティンカー・ハットフィールドのデザイン。ダブルストラップシステムはデザイン性を高めるだけの目的のように見えて、実は足をしっかり保護する効果がある。このモデルの発売はスパイク・リー監督映画『マルコムX』の公開時期と重なり、映画の中で「Xルック」として登場するため、多くの人がこの2つを結びつけて考えるようになった。

1993年、よりきらびやかな「エアレイドⅡ」がリリースされた。片方にはストラップ上にピースサインと「ともに遊ぼう、ともに生きよう(Play Together, Live Together)」のキャッチフレーズ、もう片方はミッドソールが木目調で、後ろ側に「No Ref, No Wood」の文字が入っている。

エアレイドは2003年に再リリースされた。この年には5種類の限定版も出ている。2種類はナイキの「バトルグラウンド」シリーズ用で、残りの3種類は日本の「リアルマッドへクティク」とのコラボレーション用だった。このページの写真の1992年の限定モデルがコレクターの間では最も価値が高い。

NIKE AIR RAID

ナイキ エアレイド

好きになるか大嫌いになるかの両極端。

シューズデータ

発売
1992年

オリジナル用途
バスケットボール

写真のモデル
オリジナル

備考
製造ラインに乗るまでは、「エアジャック」の名前で呼ばれていた。

NIKE
AIR RIFT
ナイキ エアリフト

ナイトクラブで人気のモデル。

ケニアの裸足のランナーにインスピレーションを得たデザインで、名前は自然豊かなケニア西部のリフトバレーからとった。オリジナルのカラー、ブラック／アトムレッド／フォレストは、ケニアのランニングチームに敬意を表したものだ。特徴はヒールのエアユニットで、アッパーはストレッチフィット素材の合成メッシュでできている。うわさによれば、日本の大工が履く地下足袋から着想を得たコンセプトらしい。

1990年代末までは、どの国でも特定のスポーツ用品店でしか手に入らなかった。1999年にカラーバリエーションが増え、ボンベイ／ウォッシュイエロー、オキサイド／ブルー、ペア／セージなどが作られるとともに人気も広まった。

2000年、ナイキジャパンがブラジルサッカーチームの特別モデルを発売した。このモデルは星のマークが特徴で、今のところ最もコレクターに人気のエアリフトとなっている。2001年にはニューヨークでのプエルトリコ・パレードを記念して、ベルクロストラップに国旗をあしらった限定モデル「プエルトリコ」が発売された。

エアリフトは何度かデザイン変更がなされ、たとえばアッパーがレザーとスエードに変わった。2002年に「エアリフトカバー」と呼ばれるミッドカット版がリリースされた。エアリフトのもう少し丈の高いバージョンで、カットアウトのホールがカバーされていたが、オリジナルほどの人気は出なかった。

シューズデータ

発売
1995年

オリジナル用途
ランニング

写真のモデル
オリジナル

備考
2003年の「アーティスト」シリーズには、アカデミー賞女優のハル・ベリーがデザインしたものもある。

NIKE LDV
ナイキ LDV

通気性のよい メッシュのアッパーを使った 最初期のランニングシューズ。

この長距離用ランニングシューズは「ナイキエリート」と似たところがある。見た目にも攻撃的なワッフルアウトソールには大きなスタッド型のパターンがあり、オフロードのランニングには理想的だ。1999年にはさらに洗練されたバージョンが発売された。アッパーにメッシュではなく、さまざまな色のレザーを使ったものだ。日本ではグアムをイメージしたバージョンを売り出したが、世界的には発売されなかった。コレクターの間では今もオリジナルが最も人気がある。

シューズデータ

発売
1978年

オリジナル用途
ランニング

写真のモデル
復刻版

備考
LDVのLとVは、long distance（長距離）を表す。

NIKE DAYBREAK

ナイキ デイブレイク

デイブレイク(夜明け)の イメージを形にしたスニーカー。

クッション性に優れ、厚いフレア型のEVAミッドソールを持つ。ナイロンのアッパーを除けば、LDVとほとんど同じに見える。カップ型インソールで底のクッション性を高め、カラー部分のパッドも厚くしている。このモデルはまだ再リリースされていない。

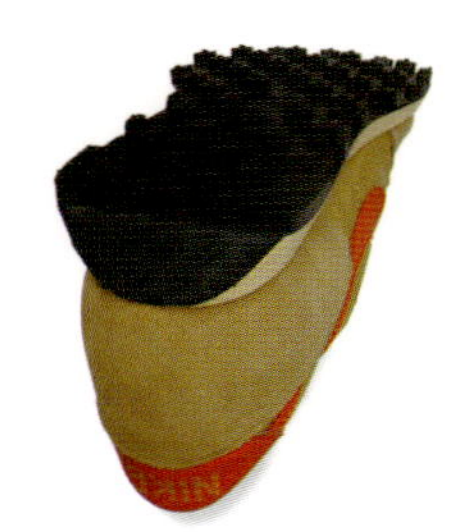

DAYBREAK

シューズデータ

発売
1979年

オリジナル用途
ランニング

写真のモデル
オリジナル

備考
おもにアメリカで製造された。

NIKE AIR 180
ナイキ エア 180

過少評価されているクラシックモデル。

1991年春のリリース。この革命的なシューズにはそれ以前のエアマックスの50パーセント増しのエアが含まれている。ナイキはビジブル化した保護性の高いアウトソールを通してエアテクノロジーを強調することで、さらに一歩先へ進んだ。発売時には一流の映像作家や演出家を起用したテレビ広告で大々的に宣伝されたが、市場に流通したのはわずか1年ほどだった。

1991年から92年にかけて、さまざまなカラーリングで製造されたが、消費者に最も好まれたのは男性用オリジナルと、ヨーロッパ限定の女性用ホワイト／クリムゾン／マゼンタ(写真)だ。「オリンピック・エアフォース180」がベストとみなされている。

シューズデータ

発売
1991年

オリジナル用途
ランニング

写真のモデル
オリジナル

備考
NBAのスター選手、チャールズ・バークレーが1992年のバルセロナ五輪でローカット版を履いていた。

NIKE
AIR PRESTO

ナイキ エアプレスト

「足のためのTシャツ」と呼ばれた。

このスニーカーは従来の靴サイズでは売られていない。Tシャツと同じような、XS、S、M、L、XL、XXLのサイズ体系が使われている。軽量のストレッチメッシュのアッパーにサポートケージが加えられ、快適なフィット感を与える。アッパーにはベロアなどさまざまな素材が実験的に使われた。

シューズデータ

発売
2000年

オリジナル用途
ランニング

写真のモデル
オリジナル

備考
かつてないほどのカラーバリエーションを考えれば、なぜエアプレストが人気のモデルなのかを理解するのはむずかしくないだろう。

NIKE SHOX R4
ナイキ ショクスR4

ピョーン、ピョーン、
ピョーン。

シューズデータ

発売
2000年

オリジナル用途
ランニング

写真のモデル
オリジナル

備考
ブルース・キルゴアとセルジオ・ロザーノのデザイン。キルゴアはエアフォース1とエア180のデザインにも携わった。

ナイキラボの専門家たちは16年もの間、ショクスのテクノロジー開発に取り組んできた。2000年に、ようやくそれが日の目を見ることになった。ショクスR4、BB4、XTRの3種類のデザインがリリースされたのだ。

このシステムはどう機能するのか？　原則はシンプルだ。ショクステクノロジーは履く人のかかとが地面を打つときの衝撃で生じるエネルギーを吸収し、次のストライドでトウに重心を移すときにそのエネルギーを戻す。高密度のポリウレタンを使った最先端の技術で、TPUヒールカウンターが衝撃エネルギーを分散させる。本当に効果はあるのだろうか？　それはあなた自身で確かめてみてほしい。

R4ランニングシューズは3種類の中で最も成功したモデルだ。トラック種目を意識したアッパーの外観を、後部の未来的なテクノロジーが引き立たせる。カラーバリエーションも豊富で、ナイキIDでも入手できた。2003年にはヨーロッパ特別限定版も発売されている。R4はオリジナル3モデルの中で、さまざまなカラーで再リリースされた唯一のモデルになった。

NIKE AIR EPIC
ナイキ エアエピック

1980年代半ばには、時代の最先端とみなされた。

フルレングスのエアミッドソール（エアテイルウィンドと同じタイプ）と安定装置「エアウェッジ」の搭載が特徴。2003年に再リリースされたときには、1カ所にのみ変更が加えられた。ヒールパッチの「AIR」の文字が、「NIKE」に変わったのだ。

ロンドンのスニーカーショップ「フットパトロール」とのコラボレーションモデルも発売されている。このショップのイメージカラーが使われ、タンにロンドンのタクシーが描かれるなど細部にローカル色を打ち出した。

フットパトロール版 ->

AIR EPIC

シューズデータ

発売
1985年

オリジナル用途
ランニング

写真のモデル
復刻版／フットパトロール版

備考
エアエピックは
アメリカで製造された
最後のナイキのひとつ。

アッパーは柔らかく薄い、サビ色のスエード製で、サイドパネルにはナイロンが使われている。 D型リングのアイレットを使った初期のランニングシューズで、吸盤風のアウトソールが自慢だった。 2003年には新たなカラーで再リリースされた。

NIKE THE STING

ナイキ ザ・スティング

控えめながら長距離に耐えるシューズ。

シューズデータ

発売
1978年

オリジナル用途
ランニング

写真のモデル
復刻版

備考
1970年代末に改良版が発売された。 Dリングのアイレットの数を減らし、アウトソールもフレア型になった。

NIKE WINDRUNNER

ナイキ ウィンドランナー

手ごろな価格も魅力の優れたシューズ。

カジュアルランナーのためのシューズ。発売以来、象革風のプリント、ヌバックのアッパー、ナイロン／メッシュのコンビネーションなど、さまざまなユニークな特徴を付け加えてきた。

1990年代初めに生産を終了したが、1999年に新しいカラーで再リリースされた。ナイキジャパン特別限定モデルもその数年後に発売されている。

WINDRUNNER

シューズデータ

発売
1987年

オリジナル用途
ランニング

写真のモデル
オリジナル

備考
1989年に「エスケープ」版がリリースされた。

NIKE LAHAR
ナイキ ラハー

ビッグブラザー
「ラバドーム」の息子。

ハイカットのアウトドア・トレッキングシューズ。スエードとナイロンの頑丈なアッパーで、がっしりしたアウトソールは無敵だった。インソールに「Lahar」の文字がプリントされている。

1988年から89年には、「エスケープ」版もリリースされた。こちらはオールレザーまたはオールヌバック製で評判もよかった。

シューズデータ

発売
1987年

オリジナル用途
トレッキング

写真のモデル
エスケープ版

備考
エスケープ版はナイキの限定モデルシリーズの最初のものだった。

NIKE LAVA FLOW
ナイキ ラバフロー

このモデルから進化したのがワイルドウッドだ。

ラバドームの改良版。優れたアウトドア用シューズで、魅力的なカラーと蛍光のハイキング用シューレースが特徴。1989年の発売だが、1990年の終わりには早くも市場から姿を消した。

LAVA FLOW

シューズデータ

発売
1989年

オリジナル用途
トレッキング

写真のモデル
オリジナル

備考
ラバフローのハイカット版は「バルトロ」と呼ばれる。

NIKE LAVA DOME
ナイキ ラバドーム

ナイキの半ランニング、半トレッキングシューズの先駆け。

通気性のあるメッシュに補強のためスエードまたはレザーが重ねられ、トウ部分にはラバーのガードが加えられている。頑丈なアウトソールにツートンカラーのアッパーで、抗しがたい魅力を持つ。のちのモデルにはインソールにACGが使われた。

2000年にレディ・ラバドームも作られた。よく似ているハイカット版は「アプローチ」と呼ばれる。

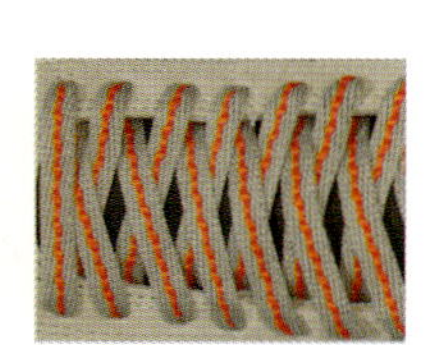

LAVA DOME

シューズデータ

発売
1981年

オリジナル用途
トレッキング

写真のモデル
復刻版

備考
ナイキのアウトドア用シューズと関連製品への参入の最初の試み。

NIKE WOVEN
ナイキ ウーブン

ナイキは当初、このモデルを製造ラインに乗ることのない試作品と考え、「ステップチャイルド（連れ子）」と呼んでいた。

サポート力がなく、アッパー部分が丈夫とは言えないために、ナイキの他のモデルと比べ機能性には欠けていた。日本で最初に発売され、遅れて市場に出たニューヨークとロンドンでは、ほとんどすぐに売り切れた。

ハンドメイドのため製造数は少ない。素材はナイロンを編んだもの（強度を高める）とラバー（ストレッチ性を高める）の組み合わせ。アッパーが（1枚か2枚ではなく）多くのピースでできているために履き心地は独特で、ヒールには「ズームエア」テクノロジーが搭載された。コレクターが最も追い求めているモデルのひとつで、初期のカラーがとくに人気がある。

シューズデータ

発売
2000年

オリジナル用途
ライフスタイル

写真のモデル
オリジナル

備考
マイク・アヴェニのデザイン。アヴェニはナイキのランニングシューズの開発に10年以上参加してきた。

NIKE AIR TECH CHALLENGE IV

ナイキ エアテックチャレンジIV

テニス界のスターのシグネチャーモデルで、
「アガシ」と呼ばれることも。

シューズデータ

発売
1991年

オリジナル用途
テニス

写真のモデル
オリジナル

備考
このグラデーションカラーは、ナイキのアパレルライン「アンドレアガシ」にも使われている。

1991年リリースのエアテックチャレンジの第4弾にはさまざまなデザインがあるが、なかでもこれは最も魅力的なモデルだろう。バックパネルの絞り染め風のスプラッシュとグラデーションカラーのミッドソールはテニスシューズと聞いて想像するものとは異なる。

このグラデーションのミッドソールにはエアウィンドウもある。サイドパネルには通常のスウォッシュではなく「NIKE」の文字があしらわれている。

2000年の再リリース版は、色は1種類のみ。ミッドカットとハイカットのデザインも出ている。

NIKE CHALLENGE COURT

ナイキ チャレンジコート

ぱっと見ただけでは、
何のためにデザインされたスニーカーなのかわからない。

発売当初には非常に画期的なシューズとみなされた。多機能デザインで、バスケットボールやテニスを含め、多くのスポーツに使用可能だった。

アッパーはナイロンメッシュとフルグレインレザー。アンクルカラーを高めにしてサポート力を高めている。2003年にはホワイト／ブルー／レッドのオリジナルカラーで再リリースされ、2004年にはローカット版も出た。最もコレクターに人気なのは1984年発売のホワイト／バーガンディで、アウトソールに生ゴムを使っている。

シューズデータ

発売
1984年

オリジナル用途
ラケットボール／テニス

写真のモデル
オリジナル

備考
ジョン・マッケンローはこのシューズを履いて、デヴィスカップ、オーストラリア室内選手権、東京のグランプリトーナメントで優勝した。

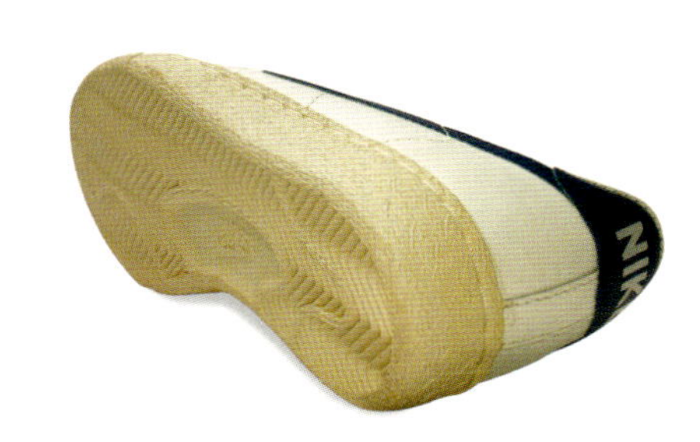

NIKE BRUIN

ナイキ ブルーイン

ナイキ最初期の
ローカット・バスケットボールシューズ。

最初のブルーインは1972年の製造で、クラシックなヘリボーン模様のアウトソールが特徴。スエードとレザー版があり、カラーバリエーションも豊富だった。

ブルーインは「ブレーザー」とともに、ナイキのバスケットボールシューズの歴史に重要な役割を果たした。この当時は大きな太いスウォッシュが使われていたが、ナイキのデザイナーたちが1980年にサイズを小さくした。

シューズデータ

発売
1972年

オリジナル用途
バスケットボール

写真のモデル
オリジナル

備考
映画『バック・トゥ・ザ・フューチャー』で、マイケル・J・フォックスがこのシューズを履いていた。

↑
ステューシー版

NIKE BLAZER

ナイキ ブレーザー

スウォッシュが栄光に光り輝いて見える。

ナイキのデザイナーたちはこのモデルのスウォッシュを思い切り大きくして、誰でも必ず気づくようにしたいと考えた。ブレーザーはバスケットボール界の伝説のスター、ジョージ・ガーヴィン、別名アイスマンが履いたモデルだ。それほど優れたテクノロジーが使われているわけではないが、アウトソールとアッパーの結合プロセスは大胆だ――加圧滅菌器を使って、シューズを高温で焼いたのだから。この方法でアッパーとミッドソールが一体化した。アッパーはレザー、スエード、キャンバス地のものがある。

2001年、ナイキはストリートウェアレーベルの「ステューシー」とのコラボレーションで、限定カラー2種類を発表した。2003年には、「ストリート」のテーマを継続し、「アーティスト」シリーズの一環としてニューヨークのグラフィティアーティスト、フューチュラとパートナーシップを結んだ。このモデルは1000足しか製造されなかったため、現在は人気のコレクターアイテムとなっている。

シューズデータ

発売
1972年

オリジナル用途
バスケットボール

写真のモデル
復刻版／ステューシー版

備考
キャンバス地のブレーザーは「オールコート」と呼ばれる。

NIKE DUNK
ナイキ ダンク

ひいきの大学の
チームカラーに合わせて、
ほぼ無限のカラーを
入手できた。

NBAのコートがエアジョーダンⅠの祝福を受ける前には、このダンクが期待に応えていた。発売は1985年ごろで、バスケットボールのチームカラーに合わせてさまざまなカラーが発売された。1985〜86年のNCAAトーナメントでは、シラキュース大学、ミシガン大学、メリーランド大学、UNLV、アリゾナ大学など多くのチームの選手がこのシューズを履いた。

ダンクはどのチームのバスケットボールバッグともコーディネートできた。別の色の替えひもつきで、箱の色もそれにマッチしていた。スニーカーを豊富なカラーバリエーションで製造するトレンドを作ったシューズでもある。

オリジナルはスニーカーの目利きたちの間ではとくにコレクション価値があるとみなされ、それは今も変わらない。需要の大きさが1998年の再リリースの決定に影響を与えたようだ。それ以来、多くの新しいカラーが加わってきた。限定コラボ版や地域限定版がダンクの人気を支えてきた。

シューズデータ

発売
1985年

オリジナル用途
バスケットボール

写真のモデル
オリジナル／復刻版

備考
1999年に発売されたダンクは、パッドの入ったタンとアンクルカラーが特徴だった。2004年には最初のミッドカットのダンクが再リリースされた。

↑
シュプリーム版

シュプリームとのコラボレーション

2002年にはニューヨークのスケートボードブランド「シュプリーム」とのコラボレーションで、「シュプリームダンク」シリーズが作られた。「エアジョーダンⅢ」からインスピレーションを得たこのモデルは、ルックスもよく、やがてダンクに次いで最も探し求められるモデルになった。

2003年、シュプリームはダンクのハイカットの版を3種類のチームカラーで製造し、ネームプレートに着想を得た「シュプリームレースジュエル」、星のプリント、ワニ革パターンのレザー、3組の靴ひもなど、気の利いた変更を加えた。

NIKE

NIKE LEGEND
ナイキ レジェンド

名前もレジェンドなら、特徴もレジェンド。

重量級のバスケットボール選手向けに作られたモデル。 1980年代の高度なランニングシューズに使われた、ナイキのトレードマークである足幅の違いに適応させたシューレースシステムを採用している。 ローカットとハイカットの2種類が作られた。 ハイカットはヒンジタイプのアイレットを使い、シューズ上部のアンクルサポート付近がねじれることなく折れ曲がる。 これによってアンクルサポートがしなって足首に食い込むのを防ぐことができる。

レジェンドはトウエリアに空気穴を開けた、ナイキの最初のバスケットボールシューズのひとつだった。 これで足がかなり涼しく保たれる。 すでに引退したNBAのスーパースター、パトリック・ユーイングがNCAAリーグのジョージタウン・ホヤスでプレーしていたころに、レジェンドのハイカットを履いていた。 いつの日か、レジェンドは戻ってくるだろう……

LEGEND

シューズデータ

発売
1983年

オリジナル用途
バスケットボール

写真のモデル
オリジナル

備考
アウトソールを色つきにしたナイキの最初のバスケットボールのひとつ。

NIKE DYNASTY

ナイキ ダイナスティ

今も存続しているライン……

ダイナスティのハイカットは1985年にリリースされた。当時のナイキの他のバスケットボールシューズと同様の特徴を持つ。たとえば、「エアフォース1」(p.146-147)と同じアンクルサポートストラップを使い、「ペネトレーター」と同じアウトソールを使っている。

色遣いはダンクのものと似ている。空気穴を開けたトウボックスとスウォッシュも同じだ。デザインの決め手はアンクルの「NIKE」の文字。もしあなたが1足持っているのなら、手放さないほうがいい。これはきわめて希少なナイキ製品なのだから。

シューズデータ

発売
1985年

オリジナル用途
バスケットボール

写真のモデル
オリジナル

備考
ナイキ「ジョージタウン」もほとんどダイナスティと同じだが、真っ白で後部に「NIKE」の文字がプリントされている。

NIKE VANDAL

ナイキ バンダル

ダンスグループ「ロックステディクルー」のアップロックな音楽ビデオに登場した……

1984年から87年まで製造されていた。アッパーはレザーではなく厚手のキャンバス地またはナイロン製。ナイロン版は「バンダルシュプリーム」と呼ばれ、異なる2色の靴ひもつきで、ベルクロのアンクルサポートストラップ(3色遣い)が使われた。

バンダルはファッション性のあるバスケットボールシューズの走りだった。2003年には、バンダル、バンダルシュプリームがともに再リリースされている。この年には、さまざまな特別限定版も発売された。「ジム・モリソン」、「ヘイトストリート」、「ジェフ・マクフェトリッジ」などだ。2004年には、迷彩柄版とプレミアム版も作られた。

オリジナルのバンダルは希少価値が高まった。クオリティの高さがわかり、ルックスもすばらしい。復刻版はオリジナルの仕様では作られなかったが、スニーカーファンは本物を好む傾向が強い。

シューズデータ

発売
1984年

オリジナル用途
バスケットボール

写真のモデル
オリジナル

備考
映画『ターミネーター』の中でカメオ出演している。

↑
プレミアム版

NIKE TERMINATOR

ナイキ ターミネーター

ジョージタウンのカラーはどれも、本格的コレクターから称賛される。

ターミネーターはジョージタウン大学のバスケットボールチーム、ジョージタウン・ホヤスのために作られたチームシューズだった。色は彼らのチームカラーのネイビーとグレーで、デザインは「レジェンド」と「ビッグナイキ」を組み合わせたような形だ。ヒール部分には大きな「NIKE」の文字がプリントされている。ただし、ジョージタウン・ホヤスは通常の「NIKE」の文字の代わりに「HOYAS」の文字をプリントさせた。

ターミネーターはその後、他のカラーリングでも作られ、トウボックスとサイドパネルにはキャンバス地が使われた。ハイカットとローカットの2種類がある。

オリジナルは本格的なスニーカーファンの間で評価が高く、かなりの高値で取引される。2003年にオリジナルのホヤスカラーが再リリースされた。

TERMINATOR

シューズデータ

発売
1985年

オリジナル用途
バスケットボール

写真のモデル
復刻版／プレミアム版

備考
2004年に「グランジターミネーター」がリリースされた。

ブラックスネークスキン版

スタッシュ版

イヤー・オブ・ザ・ホース版

HTM版

ウェストインディーズ版

NIKE
AIR FORCE 1
ナイキ エアフォース 1

ナイキの
バスケットボールシューズの
代表的なシルエット。

シューズデータ

AIR FORCE 1

発売
1982年

オリジナル用途
バスケットボール

写真のモデル
復刻版

備考
アンクルストラップの
正式名称は「プロプリ
オセプタス・ベルト」。

ネリーヴィル版

シード版

エメラルドグリーン・ミッド版

レーザー版

プエルトリコ版

このモデルのオリジナル版はハイキングシューズにヒントを得たものだが、期待を上回る出来になった。空気穴を開けたトウボックスは使っていないが、メッシュのサイドパネルを使っていた。当時としては最も機能的なバスケットボールシューズで、フルレングスのエアソールを搭載した最初のバスケットボールシューズでもある。

ストラップはファッション性を高めるための単なるアクセサリーとみなす人もいるようだが、非常に重要な役割を果たしている。このストラップがフィット感を高め、足首のけがを防ぐのだ。最初、このモデルはハイカットとローカットだけが作られていたが、のちにミッドカットも加わった。

エアフォース1はヒップホップシーンで人気が出た。それは長い年月の間に発売されてきた豊富なカラーバリエーションのおかげでもある。「プエルトリコ」から「ロサンゼルス」まで、多くの限定コラボモデルも数え切れないほどのカラーで作られた。

NIKE AIR JORDAN I

ナイキ エアジョーダン I

マイケル・ジョーダンが履いた最初のブラック／レッドは、いやでも視線を集めた。

このモデルはプロバスケットボールプレーヤーのマイケル・ジョーダンのために作られた。 その発売が何世代ものエアジョーダンシリーズの始まりとなる。 レッド／ブラックの色遣いはNBAのリーグ規則に反していたため、このシューズの着用は禁止された。 ジョーダンはこのレッド／ブラックを3度履いただけだったが、着用禁止によって逆にエアジョーダンマニアのコレクター魂に火をつけた。 ナイキはホワイトを増やしたものなど、一連の新しいカラーを加えた。 翼のあるバスケットボールのロゴはとどまった！

エアジョーダン II

1986年のリリース。 ブラックが製造されなかった唯一のエアジョーダン。 ハイカット版とローカット版がある。

デザインがより洗練され、最初のものよりスタイリッシュだとする意見もある。 おそらくそれは、イタリアで製造されたからだろう。

マイケル・ジョーダンはこのシューズを履いて、1試合で61得点を上げたことがある。 同じ年、彼はNBAのオールスターゲームに出場し、スラムダンク競争で優勝した。

エアジョーダン II にはスウォッシュがついていない。 当時にはめずらしいことだった。 人気の高まりにより、これまでに2度再リリースされている。

エアジョーダン III

1988年のリリース。 翼のあるロゴは消え、代わりに「ジャンプマン」が生まれた。 これが今ではジョーダンといえばすぐに思い浮かぶロゴになった。

このモデルは象革プリントのレザーをトウとヒール部分に使っている。 IIと同じようにスウォッシュはないが、後部のデザインはそれを補って余りある。 透明なプラスチックのヒールカウンターに「NIKE AIR」の文字が大きく入っている。 1990年と2001年に再リリースされた。

シューズデータ

発売
1985年

オリジナル用途
バスケットボール

写真のモデル
オリジナル

備考
ジョーダンはナイキと契約する以前にはコンバースとアディダスを履いていた。

エアジョーダンⅣ

1989年のリリース。エアジョーダンシリーズの中では最も人気が高く、店舗では入荷するそばから飛ぶように売れていった。

エアジョーダンⅢとはよく似ている。アッパーは合成皮革が使われ、靴ひもを緩めるためのトグルが加えられている。

1999年に再リリースされ、新たに「レトロプラス」の2つのエディションが作られた。ヒール上には「NIKE　AIR」の代わりにジャンプマンがあしらわれた。

エアジョーダンⅤ

1990年のリリース。デザインは第二次世界大戦中の戦闘機ムスタングにインスピレーションを得た。ジャンプマンが反射素材のタンと半透明のアウトソール上の2カ所に使われている。2000年に再リリースされた。

NIKE
AIR ALPHA FORCE II

ナイキ エアアルファフォースII

「チャールズ卿」の力は頼りになった。彼のシューズも同じだ。

伝説のチャールズ・バークレーが履いたモデル。前部のベルクロストラップが当時のナイキの他のバスケットボールシューズとの差別化を図っている。ワイドなアウトソールはエアフォースIIIのものとよく似ている。

2004年にカムバックを果たした。最も刺激的なカラーは「リワインド」シリーズの一部として発表されたスポーツレッド／カレッジネイビー／パールグレーだ。このシリーズはNBAのチームカラーで製造された。エアフォースIIの中でも最も価値があるのは、1988年発売のエスケープ限定モデルだ。

シューズデータ

発売
1988年

オリジナル用途
バスケットボール

写真のモデル
オリジナル

備考
マイケル・ジョーダンは1986年にエアアルファフォースを履いていた。

AIR ALPHA FORCE II

NIKE AIR PRESSURE

ナイキ エアプレッシャー

みんなが『バック・トゥ・ザ・フューチャーPART2』に登場するシューズはこれだと考えている。

エアプレッシャーはナイキのターニングポイントになった。アンクルサポート内部にエアを入れることで、フィット感のカスタマイズが可能になった。エアはシューズに付属している手持ちポンプで注入し、エアを多くするほどフィット感が高まる。後部のバルブでエアを排出する仕組みだ。エアプレッシャーの生産は1年間と短かった。

シューズデータ

発売
1989年

オリジナル用途
バスケットボール

写真のモデル
オリジナル

備考
エアプレッシャーは専用のプラスチックボックス入りで売られていた。

NIKE AIR TRAINER 1

ナイキ エアトレーナー1

クロストレーニングの革命は
ここから始まった。

ナイキのデザイナー、ティンカー・ハットフィールドが開発した最初のクロストレーニングシューズ。ハットフィールドは近所のジムでアスリートがトレーニングしているところを観察し、彼らが2種類のシューズを使っていることに気がついた。ランニング用とウェイトトレーニング用である。これが多目的シューズというアイデアを彼に与えた。

エアトレーナーは1987年に発売されると大成功を収めた。ナイキはその後、より専門的なエアトレーナーを開発していくことになる。オリジナルは1990年代半ばに再リリースされ、それ以来、このモデルは多くのカラーで製造されてきた。2003年にはスケートボード用特別版も発売された。

↑
スケート版

AIR TRAINER 1

シューズデータ

発売
1987年

オリジナル用途
クロストレーニング

写真のモデル
復刻版／スケート

備考
テニス界のスター、ジョン・マッケンローがこのモデルを履いた。NBAにも登場したことがある。

NIKE WIMBLEDON

ナイキ ウィンブルドン

大きなスカイブルーの
スウォッシュが魅力のひとつ。

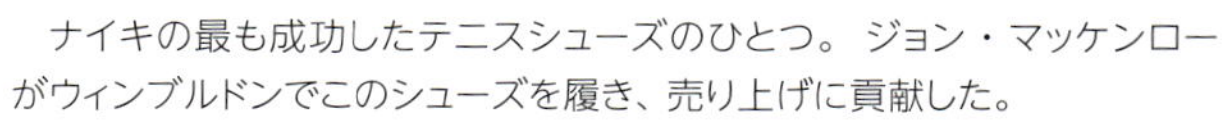

ナイキの最も成功したテニスシューズのひとつ。ジョン・マッケンローがウィンブルドンでこのシューズを履き、売り上げに貢献した。

ナイキは1985年にこのモデルに改良を加えた。アウトソールが薄くなり、スウォッシュのサイズも小さくなった。古い「NIKE」の文字とオレンジのスウォッシュは消えた。このモデルに触発されて多くのシューズが発売されてきたが、この1985年版が最も印象が強い。1986年に生産終了になったが、21世紀に入って再リリースされた。

シューズデータ

発売
1982年

オリジナル用途
テニス

写真のモデル
オリジナル

備考
2002年に
再リリースされた。

WIMBLEDON

NIKE
MADE IN REP. OF KOREA

ブランドヒストリー

ONITSUKA TIGER

オニツカタイガー

1949年、起業家の鬼塚喜八郎がのちに世界的なスポーツブランド「アシックス」となる鬼塚株式会社を設立した。地元神戸の運動コーチからの後押しを受け、鬼塚はまだ日本にスポーツ専用シューズがなかった時代に、初の日本製バスケットボールシューズを発表した。最初のデザインはバスケットボールシューズというよりは、わら製のサンダルのように見えたが、鬼塚は選手の動きを観察してバスケットボールというスポーツを熱心に研究した。これが将来の成功への大きな足掛かりとなった。

鬼塚にひとつのアイデアがひらめいたのは1951年のことだ。成功への鍵はタコの持つような「吸盤」にあるかもしれない、と気づいたのだ。完成した初のバスケットボールシューズの評判はあっという間に広まり、すぐさま日本のスポーツシューズ市場の50%を占めるほどに成長したといわれる。

鬼塚は1958年にタイガーというブランドを買収した。そして、1960年のローマ五輪のマラソンでエチオピアのアベベ・ビキラが裸足で走って優勝するのを見て、この状況を自分のビジネスに有利に働かせることを思いついた。金メダリストを説得し、日本開催の毎日マラソンで自分の会社のシューズを履いてもらったのだ。もちろん、ビキラは優勝した。

その長い歴史の間に、陸上界のスター選手の多くがこのブランドと提携してきた。君原健二、デレク・クレイトン、ラッセ・ビレン、寺沢徹、有森裕子、高橋尚子などだ。

オニツカタイガーのシューズはランニングトラックでの勝利だけでなく、多くの名作映画にも登場している。なかでも記憶に残るのはブルース・リーだ（158ページの「メキシコ」参照）。最近では、『KILL BILL』の中でユマ・サーマンがオニツカタイガーの「タイチ」（p.159）を履いて復讐に向かった。この映画であらためてオニツカブランドに人々の関心が向いた。運動能力を高めるためのデザインと、同じだけのカルト的アピールをあわせ持つブランドは多くはない。

オニツカタイガーはその後、スポーツアパレルにも進出し、1976年にはスポーツウェアメーカーのGTO、ニットウェア会社のジェレンクと提携した。3社は合併して翌年にアシックスを設立、現在はスポーツシューズ業界の5大ブランドの一角を占める。鬼塚喜八郎はその栄光に満足することなく、1999年にはこう言ったといわれる。「これまでの半世紀はまだほんの始まりだ」

ONITSUKA TIGER MEXICO
オニツカタイガー メキシコ

サイドパネルに“タイガーストライプ”を採用した最初のモデル。

発売以来、さまざまなカラーリングでリリースされてきた。アッパーのサイドにストライプを加えた最初のモデル。「タイガーストライプ」と呼ばれるこのストライプは単にデザイン上の特徴ではなく機能性にも優れ、走行中の足のサポート力を補強する働きがあった。

アッパーは非常に軽いレザー製で、スプリントには理想的なシューズだ。実際、1968年のオリンピックで日本の陸上チームがこのシューズを採用している。オニツカのシューズの中ではすっきりとシンプルなモデルだが、スエードのトウピースが耐久性を強化していた。

シューズデータ

発売
1966年

オリジナル用途
ランニング

写真のモデル
復刻版

備考
ブルース・リーが映画『ブルース・リー／死の遊戯』の中で履いて有名になった。この映画にはカリーム・アブドル＝ジャバールも出演した。

ONITSUKA TIGER TAI CHI オニツカタイガー タイチ

前途有望な映画スター……

無駄のないシンプルなスタイルのために武道家の間で人気があった。女優のユマ・サーマンが2003年のクエンティン・タランティーノ監督映画『KILL BILL』の中で履いたシューズとしてよく知られている。

非常に軽量ながら強度は抜群だ。ミッドソールを省くことでシューズの制御性と柔軟性を高め、バランスが重視されるスポーツでは必需品となった。

シューズデータ

発売
1960〜1970年代

オリジナル用途
トレーニング

写真のモデル
復刻版

備考
機能性とスタイルのバランスをうまくとった、ファッション性の高いモデル。

ONITSUKA TIGER ULTIMATE 81

オニツカタイガー アルティメット81

テクノロジーの重量級

驚くほど軽量で、ヒールの安定性を重視したデザイン。アッパーは合成皮革とメッシュ製、ラップアラウンドのアウトソールは路上で優れたトラクションを発揮することが証明された。2002年に「アルティメット81 SD」として再リリースされた。

シューズデータ

発売
1981年

オリジナル用途
ランニング

写真のモデル
オリジナル

備考
2002年に「アルティメット81 SD」の名前でスエード版がリリースされた。

ONITSUKA TIGER TUG OF WAR

オニツカタイガー タグオブウォー

スポーツブランドから
発売された唯一の
綱引き用シューズ

綱引き用シューズとしてデザインされた。特徴があるのはアウトソールで、驚くほどグリップ力が強い。

TUG OF WAR

シューズデータ

発売
1982年

オリジナル用途
綱引き

写真のモデル
復刻版

備考
長い間にさまざまな
カラーが発売されてきた。

ONITSUKA TIGER
FABRE

オニツカタイガー ファブレ

真のバスケットボールファン

　ファブレはバスケットボール用語の「ファストブレイク（速攻）」を短くした語で、チームが防御から攻撃にすばやく戦術を変えることを意味する。ファブレが発売された1980年代半ばにはテクノロジーの最先端のシューズとみなされ、多くのNBAトップ選手や世界的な有名選手がこのモデルを選んだ。ファブレの最大の売りは、その独特の「スティッキーソール」にある。これがコート上でのグリップ力とモビリティを高めた。

　このモデルのシンプルなデザインは、現在の競争の激しい市場でさえ十分にスタイリッシュに見える。スエードのアッパーと見間違えようのないタイガーストライプは、古いモデルを再リリースしてきた多くの競争相手の中でも一歩抜きん出ている。

シューズデータ

発売
1985年

オリジナル用途
バスケットボール

写真のモデル
オリジナル

備考
ファブレの名は、
バスケットボールの
「ファストブレイク（速攻）」
から来ている。

PONY

PONY ポニー

1972年にロベルト・ミューラーが設立したポニーは、すぐに世界的に重要なスポーツブランドの仲間入りを果たした。技術革新の最先端を走るメーカーとして知られ、有名人の推薦を得たことも有利に働いた。1970年代末までには多くの一流NBAバスケットボール選手がポニーのシェブロンのロゴ入りのシューズを履くようになっていたが、ボクサーのモハメド・アリなど、他のスポーツの伝説の選手たちもこのブランドと提携してきた。

初期の時代のポニーは確かに米国以外ではほとんど知られることのないブランドだった。しかし、「ラインバッカー」(p.166-167)の発売で状況は一変した。最近ではスポーツよりもファッションブランドとしてのイメージが強くなり、2004年に音楽界の偶像スヌープ・ドッグと「ザ・ワン・アンド・オンリー」ラインのファッション契約を結んだことで、そのイメージがさらに固まった。

2003年、グローバル・ブランド・マーケティング——傘下にシューズメーカーのDry-shoD(ドライショッド)、小売店のグローバルフィート、ディーゼル、XOXO(キスキス)、ノーティカ、メッカなどの世界的なフットウェアライセンス会社を抱える——が、芸能エージェンシーのザ・ファームから、このブランドを所有するポニー・インターナショナルの過半数の株式を買い取った。ポニーの将来はますます明るく見える。

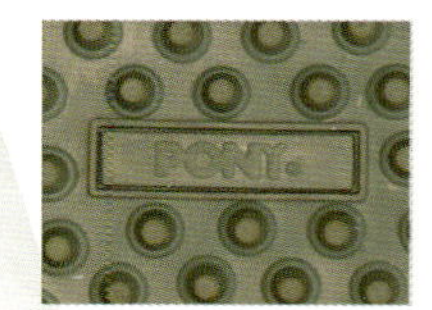

PONY
LINEBACKER
ポニー ラインバッカー

アメリカンフットボールのファンを、彼らの憧れのスターたちに数ヤード近づけた。

アメリカンフットボールが世界に知られるようになったとき——とくにイギリスでは定期的に試合がテレビ放映されるようになった——、ポニーはラインバッカーを発表して自らの存在をアピールした。このシューズはNFLの推薦を受け、すべての主流チームのチームカラーで発売された。

実際にはフィールドで選手たちが履いているスニーカーのレプリカにすぎなかったが、「通りを蹴って、空に触ろう」のキャッチフレーズでストリートファッションとして宣伝された。アメフト好きのすべての子どもが、ひいきのチームのカラーのラインバッカーを1足持っていた。

オレンジとターコイズブルーがチームカラーのマイアミ・ドルフィンズのものが、最も鮮やかで目に引くカラーリングだろう。デザインはスエードとメッシュを組み合わせ、折り返しタイプのタンとスタッド付きのアウトソールを持つ。これがアメフトで伝統的に履かれているシューズの特徴だ。

^
クリケット版

シューズデータ

発売
1983年

オリジナル用途
アメリカンフットボール

写真のモデル
オリジナル／クリケット

備考
ポニーは「クリケット」と呼ばれるスピンオフモデルも発売している。ほとんどオリジナルと同じものだが、レザー製でクリケットのバットがインソールにプリントされている。

PONY
CITY WINGS

ポニー シティウィング

伝説のバスケットボール選手スパッド・ウェブが、1986年にシティウィングで羽ばたいた。

ハイカットとローカットがあり、カラーコンビネーションも豊富。ボディには上質のレザーを使い、靴ひもとトウボックスの色を合わせている。ポニーの決定的な特徴のシェブロン（V字型）がサイドを飾り、タンの「CITY WINGS」のロゴもよく目立つ。ハイカット版はアンクルサポートにもロゴをあしらっている。2003年に再リリースされた。

シューズデータ

発売
1980年代

オリジナル用途
バスケットボール

写真のモデル
復刻版

備考
スパッド・ウェブはNCAAのノースカロライナ州立大学と、NBAのアトランタ・ホークスで活躍した。

PONY

シューズデータ

発売
1980年代

オリジナル用途
バスケットボール

写真のモデル
復刻版

備考
ポニーはバスケットボールシューズのアッパーにメッシュを使った最初のブランドのひとつだった。

PONY
UPTOWN / MIDTOWN

ポニー アップタウン／ミッドタウン

サイドのシェブロンは
見逃しようがない。

1980年代半ばに発売されたアップタウンは、ローカット版はミッドタウンと呼ばれた。レザーのものと、ポリエステルメッシュにレザーのトリミングのものがあり、カラーバリエーションも豊富だった。

2004年に両方のモデルが新たなカラーリングで再リリースされた。

PONY TOP STAR

ポニー トップスター

それまでのポニーと比べ、カラーが豊富だった。

バスケットボール用にデザインされた1970年代のオリジナルは、スエードかレザー製で、チームカラーに合わせたカラーリングを選ぶことができた。ハイカットとローカットがある。

当時のNBAのスーパースターの間で大人気となり、2004年に新たな世代のバスケットボールファンにアピールするため再リリースされた。

シューズデータ

発売
1970年代

オリジナル用途
バスケットボール

写真のモデル
復刻版

備考
ボブ・マカドゥー、ジョン・ハヴリチェク、ポール・サイラスら、NBAの名だたるスーパースターたちがトップスターを履いた。

その他の興味深いモデル

フォレストヒルズ ->

レディアンハイム ->

ロスコ ->

PONY TRACY AUSTIN

ポニー トレーシーオースチン

ポニーがすばらしいテニスシューズを作っていたことは忘れられがちだ。

1979年の全米オープンで歴代最年少の16歳で優勝したテニス界のエースの名前がつけられたシューズ。アッパーはナイロンメッシュにレザーのトリミング。サイドのベビーブルーのシェブロンはナブ（突起）パターンのアウトソールと同色。バックにはオースチンのサインがあしらわれている。

オースチンは類まれなる才能に恵まれ、1979年と1981年にAP通信から「今年を代表する女性アスリート」に選ばれた。しかし、首と背中の負傷のため1983年以降のキャリアは極端に短くなってしまった。その1年前に発表されたばかりだったこのモデルにとっても、その状況は不運な結果を招いた。

TRACY AUSTIN

シューズデータ

発売
1980年代

オリジナル用途
テニス

写真のモデル
オリジナル

備考
トレーシー・オースチンは世界ランキングでトップ10入りを果たし、史上最年少でワイトマンカップとフェデレーションカップの米国代表になった。

PRO-KEDS プロケッズ

1892年、小さなラバー工場9社が合併して、USラバーカンパニーが設立された。その1社がコネティカットのグッドイヤー・メタリック・ラバー・シュー・カンパニーという、はじめて加硫の使用免許を取得した会社だった。加硫は硫黄を高温で使用することでラバーの硬度を上げる革新的な製造プロセスのことだ。これによって、USラバーカンパニーは世界初のスニーカーとされるシューズを製造できるようになった。それが、1916年にケッズの名がつけられ、1917年に市場に出されたラバーソールのシューズである。

1949年にはケッズブランドのもとで、おもにバスケットボール選手をターゲットにした新しいアスレチックフットウェアライン、プロケッズが生まれた。最初の製品はクラシックのキャンバス製バスケットボールシューズ「ロイヤル」(p.176)だが、ブランドはその後拡大して、さまざまなスポーツ用のシューズを作るようになる。1940年代から50年代にかけて、ミネアポリス・レイカーズで活躍した米国バスケットボール界の偶像ジョージ・マイカンがこのモデルを履いた。メジャーリーグのスター選手ジョニー・ベンチと、プロボクサーのシュガー・レイ・レナードが、60年代と70年代にさらにこのブランドの注目度を高めた。ヒップホップの影響を強く受けたニューヨークでは、70年代末までにはプロケッズこそが履くべきブランドになっていた。

その後、競争の激化により世間から忘れられていき、1986年に廃業に追い込まれたものの、2002年に再び市場にカムバックを果たした。このブランドの豊かな遺産の恩恵にあずかろうと、いくつかのクラシックモデルが再リリースされたのだ。

PRO-KEDS ROYAL

プロケッズ ロイヤル

Bボーイたちが選んだオリジナルモデル。

1949年に初リリースされたこのモデルが、1970年代初めになってニューヨーク近郊のストリートでならした少年たちの間で大人気となり、やがてカルト的ステータスを得た。

キャンバス地のアッパーは履き心地がよく丈夫。ハイカットとローカット版がある。

シューズデータ

発売
1949年

オリジナル用途
バスケットボール

写真のモデル
ステューシー版

備考
1986年に廃業したが、2002年に再発売された。

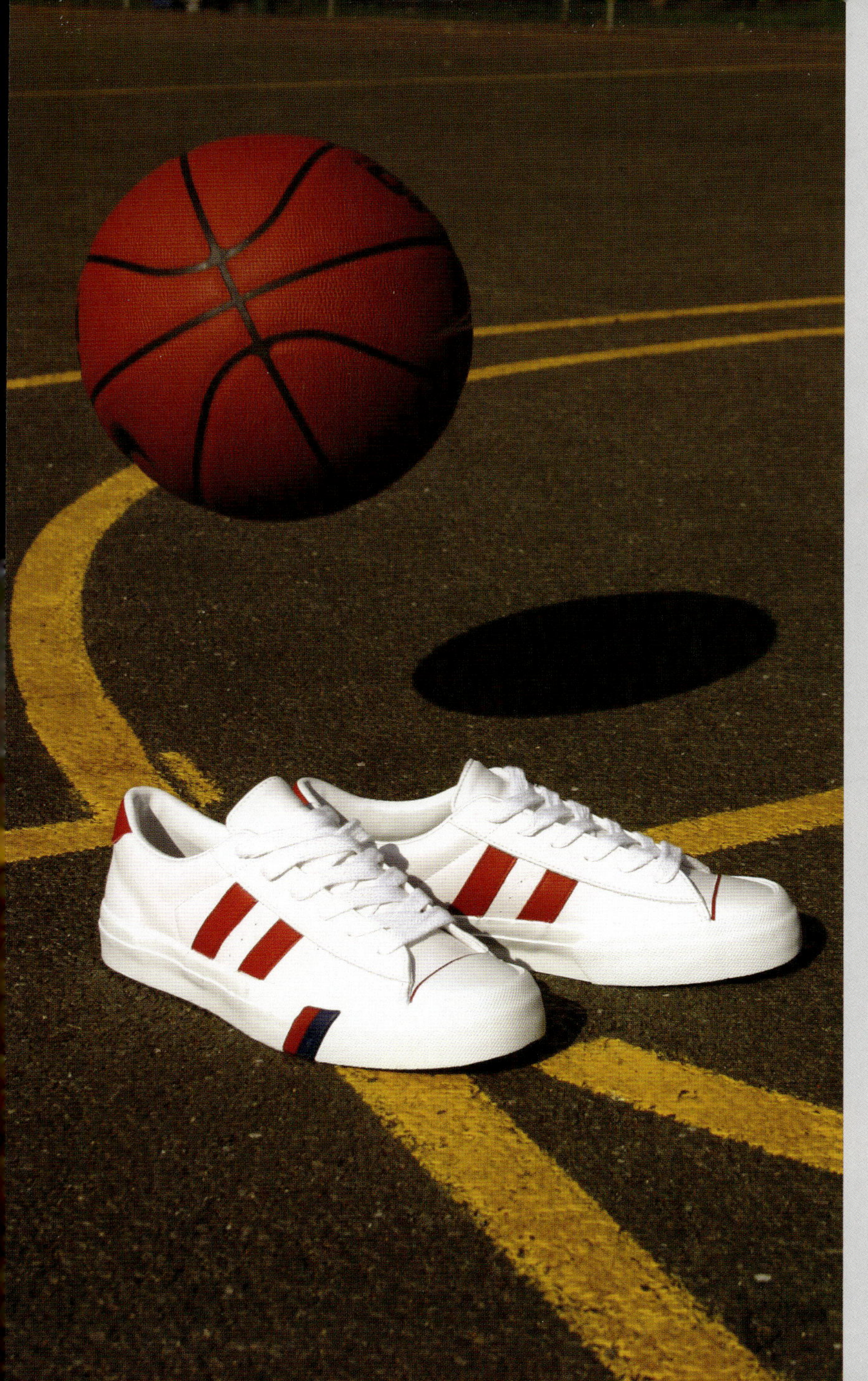

PRO-KEDS
ROYAL PLUS

プロケッズ ロイヤルプラス

象徴的なレッドとネイビーのストライプは、
すぐに見分けがつく。

　ハイカットとローカット版が発売された。すぐにバスケットボールコートの内外で、何人かのビッグネームのお気に入りになった。

シューズデータ

発売
1971年

オリジナル用途
バスケットボール

写真のモデル
復刻版

備考
カンザスシティ・キングスのネイト・アーチボルドがこのモデルを履いた。

PRO-KEDS
SHOTMAKER
プロケッズ ショットメーカー

スタイリッシュな
パフォーマンスバスケットボールシューズ

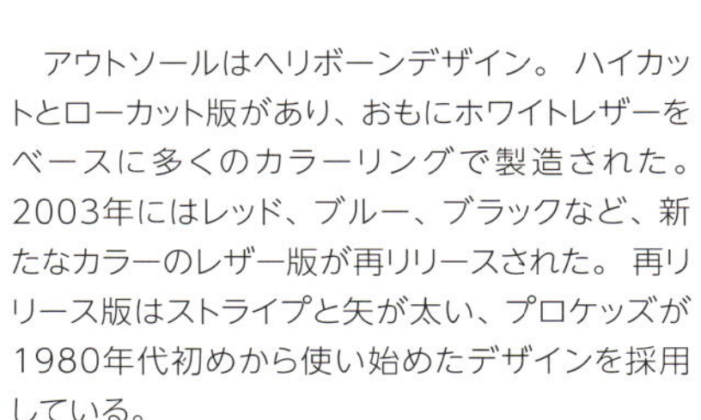

アウトソールはヘリボーンデザイン。ハイカットとローカット版があり、おもにホワイトレザーをベースに多くのカラーリングで製造された。2003年にはレッド、ブルー、ブラックなど、新たなカラーのレザー版が再リリースされた。再リリース版はストライプと矢が太い、プロケッズが1980年代初めから使い始めたデザインを採用している。

シューズデータ

発売
1970年代

オリジナル用途
バスケットボール

写真のモデル
復刻版

備考
バスケットボールのスター選手ラルフ・サンプソンが1980年代初めにこのモデルを履いていた。

PRO-Keds®

PUMA

PUMA プーマ

プーマは誰もが知る世界的スポーツブランドのひとつで、その歴史は発売してきたシューズと同じくらいエキサイティングで変化に富んでいる。ブランドのルーツはアディダスと共有し、物語は1924年にさかのぼる。この年、ドイツのヘルツォーゲンアウラッハにダスラー兄弟商会が設立された。プーマの名前が最初に使われたのは1948年のことだ。兄のルドルフが設立したプーマ・シューファブリック・ルドルフ・ダスラー靴商会が、今では短くプーマとして知られるようになった。

ルドルフ・ダスラーは弟アドルフとの確執の末にこのブランドを創始し、アドルフはアディダスを設立する。プーマの最初のサッカーシューズ「アトム」も同じ年に発売された。スポーツ界のスターたちが重要なイベントでこのブランドのシューズを履くようになるまで、それほど長い時間はかからなかった。たとえば1952年、ルクセンブルクの陸上選手ジョセフ・バーテルがヘルシンキ五輪の1500メートルに出場し、プーマのシューズに最初のオリンピック金メダルをもたらした。1956年に導入され、このブランドのトレードマークになった流線型のサイドパネル「フォームストライプ」は、単に運動能力を高めるだけでなく、アッパーに強度と安定性を与える。

1960年代のプーマはドラマが満載だ。とくに1968年はこのブランドにとって重要な年になった。現在のプーマのロゴが導入された年であり、メキシコ五輪開催の年でもあったからだ。プーマのシューズで200メートルに出場し、金メダルを獲得したトミー・スミスにまつわる事件が、この1968年の大会を悪名高いものにした。メダルを受け取るために表彰台に上った彼は、裸足になってプーマのシューズを脇に置くと、当時まだアフリカ系アメリカ人が受けていた差別に抗議する目的で、チームメイトのジョン・カルロスとともに「ブラックパワー」を表現する敬礼をした。彼は誰にでも見えるようにシューズを表彰台の上に残し、オリンピック委員会は2人の選手を選手村から追放した。

プーマとの関係が深い他のスポーツ界のレジェンドには、テニス界のスーパースター、ボリス・ベッカーや、サッカーのディエゴ・マラドーナも含まれる。ベッカーの名前がついたプーマのシグネチャーモデル(p.183)は有名だ。しかし、プーマの遺産はBボーイカルチャーや音楽シーンとも深く結びついている。ヒップホップとパンクの流行とともに、プーマのフォームストライプをストリートで頻繁に目にするようになった。スケートボーダーたちの間でもプーマは人気だった。実際、スケーターたちはプーマがスケートボード用のシューズの開発を始めるよりずっと早く、1990年代初めにはすでに「スエード」(p.186-187)や「バスケット」(p.188-189)を履いていた。

プーマはつねにテクノロジーの最先端を走ろうと努力してきた。20世紀はプーマの革新的な発明を数多く目にした世紀だ。1991年のディスクシステム(ひもなしでシューズのフィットを調整するメカニズム)や、1996年のCELL(フォームなしの初のミッドソールといわれる)がその例だ。ディスクはそれ以来、多くのモデルに搭載されてきた。しかし、そうした長年にわたるプーマの技術革新にもかかわらず、世界中のスニーカーファンに最も好まれているのは、今も変わらずクラシックモデルである。

シューズデータ

発売
1999年
オリジナル用途
ライフスタイル
写真のモデル
オリジナル
備考
プーマのベストセラーシューズのひとつ。

MOSTRO

PUMA MOSTRO
プーマ モストロ

ダブルストラップがプーマにまったく新しい方向性を与えた。

ファッション／ライフスタイル市場を念頭に入れて作られたモデルで、クライミングシューズとして理想的に見える。 スパイク付きのアウトソールとクロスさせたベルクロストラップが独特だ。

シューズデータ

発売
2001年
オリジナル用途
モータースポーツ—F1
写真のモデル
オリジナル
備考
モータースポーツファンには理想的なシューズ。同時にライフスタイルを主張する。

SPEED CAT

PUMA SPEED CAT
プーマ スピードキャット

横から見ると加速する弾丸のように見える、その名に恥じないシューズ。

先端部分はモストロとよく似ている。 モータースポーツ用にデザインされたものだが、2000年代初めにカジュアル／ファッションシューズとして絶大な人気を得て、さまざまなカラーリングと素材で製造されてきた。このモデルの本当に魅力的な特徴のひとつがプーマキャットで、トウガードで誇らしげにポーズをとっている。

オリジナル ->

PUMA BECKER

プーマ ベッカー

一流のプレイヤーのための
大胆なシューズ。

ボリス・ベッカーはウィンブルドンの男子シングルスを最年少で優勝し、偉大なテニス選手としての地位を確実にした。このとき彼はまだ17歳だった。プーマはこの偉業をシューズで表現することに成功した。ベッカーはシンプルだが際立ったデザインを使った、最も有名なシグネチャーテニスシューズだ。ベッカーのサインはあとから加えられた。

ナパ革のアッパーは履き心地がよくて丈夫。ソールはEVAのウェッジがむき出しになり、安定性と動きやすさを与える。シューズ内側のテリー織のカラーはどんな湿気も吸収するが、足は涼しく保つ。

シューズデータ

発売
1980年代

オリジナル用途
テニス

写真のモデル
オリジナル／復刻版

備考
「ボリスベッカー・エース」モデルも発売された。

シューズデータ

発売
1983年
オリジナル用途
テニス
写真のモデル
復刻版
備考
アルゼンチンのテニス界の伝説、ギリェルモ・ビラスとエンドースメント契約を結んだ。

G.VILAS

↑
スリルズ版

シューズデータ

発売
1983年
オリジナル用途
トレーニング
写真のモデル
復刻版／スリルズ版
備考
1990年代半ばにリバイバルを果たした80年代スニーカー。

CALIFORNIA

PUMA CALIFORNIA

プーマ カリフォルニア

プーマのラインでは最も印象的なカジュアルトレーニングシューズ。

特徴的な低めのスタイリングは、スニーカーの歴史にしかるべき地位を占める。しかし、このシューズには第一印象以上の魅力が数多くある。

アッパーのメインボディはナイロン製で、サイドパネルのプーマのバンプ（大きなストライプ）にはヌバックを使っている。PU（ポリウレタン）のソールは無敵の耐久性を誇る。

外部アーチサポートがあらゆる角度の足の動きをサポートし、中敷きは自動的に快適な履き心地になるように形状が整う。

PUMA G. VILAS
プーマ Gヴィラス

カリフォルニアのレザー版の従兄弟。

特徴的な超厚のアウトソールでクッショニングを高めたテニスシューズ。アッパーは激しい運動の間にも足の通気を保ち、バンプ(アッパーの先端部)に空気穴を加えることで、耐久性を損なうことなく通気性を高めることに成功した。 カリフォルニアのようなプーマの初期モデルとともに、サッカーカジュアルシーンと同義語になった。

PUMA TRIMM QUICK / TRIMM FIT
プーマ トリムクイック／トリムフィット

シューズの家系。

この家族は「トリムクイック」、「トリムフィット」、そして「S.P.A.トリム」で構成される。 ベルクロタイプのフィットは、ベルクロテクノロジーをさらに一歩進めた。 S.P.A.トリムはプーマが1976年に開発した革新的S.P.A.テクノロジーを採用している。

TRIMM QUICK / FIT

シューズデータ

発売
1970年代

オリジナル用途
トレーニング

写真のモデル
復刻版

備考
S.P.A.は「Sportabstatz(スポーツヒール)」を表し、けがのリスクを30%軽減するとされる。

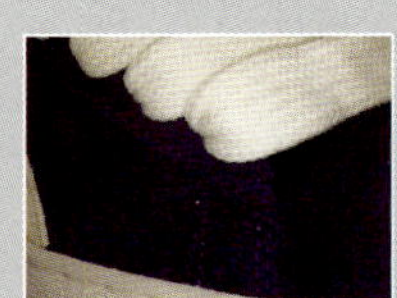

↑
ブジュ・バントン版

PUMA
SUEDE-STATE-CLYDE

プーマ スエード／ステート／クライド

**プーマを代表する世界的なクラシックモデル。
時の試練に見事に耐えた。**

「ステート(シグネチャーモデルではクライド)」とも呼ばれるスエードは、最も愛されるスニーカーのひとつになった。すっきりしたスタイリングのベーシックなデザインを豊富なカラーリングで補う。アディダスの「スーパースター」とともに、すべてのBボーイの定番スニーカーだ。ストリートで履くときには完全に真新しい状態に見えなければならず、対照的なハット、チューブソックス、トラックスーツ、デニム、着古したパファ・ジャケットなどと合わせた。最も初期のカラーとそれに合わせた靴ひもを見つけることがファンたちの楽しみとなり、太い靴ひもを結び、タンの下にソックスを折りたたんでシューズを幅広に見せて履くことが必須のスタイルだった。

1990年代にはオールドスクールのリバイバルで、真の目利きたち……1980年代のシューズをしっかり手元に残していた者たち……にとっては喜ばしいことに、まったく新たなカラーコレクションで市場に現れた。新たな関心を呼んで再びファッションの最前線に躍り出る。アシッド・ジャズの音楽シーンでも、アディダスの「ガッツレー」とともに当時のレトロ趣味を反映し、コーデュロイのトラウザーによくマッチするシューズとして受け入れられた。もっとも、スエードは万能なシューズだったため、ほとんど何にでも合わせることができた。改良バージョンにはヘンプ製のものもあり、スケートボーダーの間で人気になった。安く、手に入れやすく、頑丈なシューズだった。

SUEDE-STATE-CLYDE

シューズデータ

発売
1968年

オリジナル用途
バスケットボール

写真のモデル
復刻版

備考
クライドはバスケットボールの花形選手ウォルター・フレイジャーにインスパイアされた。

↑
エヴィス版

PUMA BASKET

プーマ バスケット

スエードのレザー版は「バスケット」の名前でプーマのもうひとつのクラシックになった。

「スエード」とほとんど同じだが、バスケットはその多くのバリエーションのために独自のアイデンティティを持つ。パーフォレート版にはプーマストライプがデザインされていることが多い。標準のローカットのほかにハイカット版もある。色はホワイトが最も多いが、レッドのレザーにホワイトのストライプ、ブラックにホワイトのストライプなどもある。

「スエード」のファンには、バスケットは冬に履くシューズとして人気があった。スエードよりも丈夫だが、わずかに重く柔軟性ではやや劣る。1995年にブランドの長寿を祝して「スーパーバスケット」がリリースされた。こちらは厚みのあるアウトソールが特徴だ。

シューズデータ

発売
1968年

オリジナル用途
バスケットボール

写真のモデル
復刻版／エヴィス版

備考
ヒップホップ映画『ビート・ストリート』に登場したことが、このモデルを近所の流行りのシューズから、Bボーイの代名詞ともなる世界的クラシックに変えた。

PUMA
BASKET

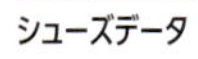

PUMA
SKY II

プーマ スカイ2

バスケットボールシューズの象徴。

本格的プレイヤーのためにデザインされたバスケットボールシューズだが、このラインでは最もスタイリッシュなシューズの仲間入りを果たした。ウェッジ／アウトソールは合成ラバーの耐久性を増すためにインジェクション式製法を使っているが、軽量性は保っている。ベルクロストラップとシューレースシステムで完璧なフィット感を実現した。数種類のカラーリングのすばらしさも目を引くが、ボストン・セルティックスとロサンゼルス・レイカーズのチームカラーに人気が集中している。

シューズデータ

SKY II

発売
1986年

オリジナル用途
バスケットボール

写真のモデル
オリジナル

備考
ローカットのスケートボード版も発売された。

↑
ローカットのスケートボード版

PUMA
SLIPSTREAM / THE BEAST

プーマ スリップストリーム／ザ・ビースト

スリップストリームはプーマのバスケットボールクラシック。ビーストはその分身だ。

1980年代のバスケットボールシューズのベーシックモデルだったスリップストリームは、最新のテクノロジーすべてを取り入れ、ハイカットとローカットが発売された。プーマは1980年代には「ザ・ビースト」と呼ばれるより大胆な兄弟分のシューズも生み出した。ビーストが2002年に日本で最初に再リリースされたときには、アッパーにフェイクアニマルスキン／ファーを使った。フェイクスキンやファーを加えるというアイデアは他のいくつかのブランドも追随した。

SLIPSTREAM / THE BEAST

シューズデータ

発売
1980年代

オリジナル用途
バスケットボール

写真のモデル
復刻版

備考
スリップストリームはローカット版も発売された。

PUMA TX - 3

プーマ TX-3

コンパクトにまとめた秀逸のデザイン。

優れた安定性、運動制御性、最大限の衝撃吸収性を目指してデザインされたTX-3は、本格的なランニングシューズのように見える。下半分には3層構造の取り外し可能なインソールなど最先端のテクノロジーを備え、アッパーは振動をシューズ全体に拡散する。

豚革とメッシュというユニークなコンビネーションに、反射素材のディテールがさらに目立たせる。本物のパフォーマンスシューズとして、TX-3はプーマのテクノロジーを新しいレベルへと導いた。

シューズデータ

発売
1985年

オリジナル用途
ランニング

写真のモデル
復刻版

備考
2004年に複数のカラーリングで再リリースされた。

PUMA RS1

プーマ RS1

「RSコンピューター」のスケールダウン版。

1985年、プーマはアディダスの「マイクロペーサー」に対して、「RSコンピューター」の形で答えを出した。コンピューター内蔵のこのモデルは、ランナーが自分のパフォーマンスに関して知りたいと思うことを何でも電子的に記録し計算できた。

RS1も基本的には同じシューズだが、コンピューターは内蔵されていない。すっきりしたデザインで無駄のないアッパーのスタイルが、高品質のランニングソールで完成される。時代を超えたスタイリングがこのシューズへの変わらぬ人気を支えている。

RS1

シューズデータ

発売
1985年

オリジナル用途
ランニング

写真のモデル
復刻版

備考
マルチプレックスIVウェッジシステムで、衝撃吸収性と安定性を実現。2004年に再リリースされた。

PUMA ROMA
プーマ ローマ

ドイツの技術工学にイタリアのシックさを添えて。

1968年の発売。牛なめし革のアッパー、パッドを加えたタン、補強されたヒールで快適さを増した。内側には整形外科仕様のアーチサポートを使っている。1980年代にはサッカーカジュアルの間で確かな人気を得た。

シューズデータ

発売
1968年

オリジナル用途
トレーニング

写真のモデル
復刻版／ラツィオ版

備考
2003年にイタリアのサッカーチーム、ラツィオのチームカラー版がリリースされた。

PUMA TAHARA
プーマ タハラ

理想的な屋内トレーニングシューズ。

1970年代の製造で、生ゴムのソール、アッパーのナイロンとスエードのコンビが特徴。1980年代にはサッカーカジュアルの間で人気となり、ヨーロッパ中で多くのチームの勝利を後押しした。

TAHARA

シューズデータ

発売
1970年代
オリジナル用途
トレーニング
写真のモデル
オリジナル
備考
2000年代初めに
再リリースされた。

PUMA DALLAS
プーマ ダラス

スエードを誇らしく履くのは
ステートだけではない。

バスケットボールクラシック。ヨーロッパのBボーイ・コミュニティの間では、「スエード」と「ステート」に次ぐ人気を得た。総合的に見て、すばらしいスニーカーだ！

DALLAS

シューズデータ

発売
1980年代
オリジナル用途
バスケットボール
写真のモデル
オリジナル
備考
ダラスにはダーク
ブルーとスカイブルーの
バージョンもある。
これは写真のモデルとは
トウボックスの形も
異なっていた。

PUMA RALPH SAMPSON

プーマ ラルフサンプソン

知識、技術、経験の完璧な融合。

伝説のバスケットボールプレイヤー、ラルフ・サンプソンによって有名になったシューズ。ヒューストン・ロケッツで活躍したサンプソンの靴のサイズ17は、バスケットボールのシンボルにもなった。彼がプーマのデザイン技術者たちと協力してこのモデルの開発を始めたことで、彼のコート上での経験と、技術者たちのシューズテクノロジーの知識が見事に結びついた。その結果生まれたのが、最先端のコンポーネント、サポート、耐久性を持つバスケットボールシューズだ。

シューズデータ

発売
1980年

オリジナル用途
バスケットボール

写真のモデル
オリジナルのローカット版

備考
ラルフ・サンプソンは「今年の全米を代表するプレイヤー」に3度選ばれた。

ディスクのハイトップ版

PUMA DISC

プーマ ディスク

プーマのテクノロジーの証明。

調整可能なトップのディスクによって、靴ひもは必要なくなった。見かけはリーボックの「ポンプ」システムとよく似ているが、使っているテクノロジーはまったく異なる。

シューズのフィット感を調整できるようにしたことは大きな進歩で、その情報はスポーツ界にあっという間に広まった。アウトソールはデュポン社のハイパロンラバーを使用してクッション性と衝撃吸収性を高める一方、アッパーはメッシュとエアロプレーンのコンビネーションで柔軟性を維持した。

DISC

シューズデータ

発売
1994年

オリジナル用途
ランニング

写真のモデル
復刻版

備考
ディスクの商品ラインには、「ディスクシステムテラン」と「ディスクシステム・レディブレイズ」というよく似たモデルもある。

SPRINT

シューズデータ

発売
1970年

オリジナル用途
サイクリング

写真のモデル
復刻版

備考
2000年に
再リリースされた。

PUMA EASY RIDER

プーマ イージーライダー

力強いパンチ力を秘めたクラシックジョガー。

発売当時には革新的とされたモデルで、ナイロンとスエードのアッパーにカーボンを含む数層のソールを合わせた、安定性のある快適なシューズ。プーマのラインナップの中でもとくに人気のモデルのひとつになった。

PUウェッジシステムやフェダーバイン(二股に分かれたスタッドを配置)を使ったアウトソールデザインなど、テクノロジーの利用が「画期的」なシューズの地位を与えた。いくつかのプーマの後継モデルの原点になったモデル。

EASY RIDER

シューズデータ

発売
1982年

オリジナル用途
ランニング

写真のモデル
復刻版

備考
イージーライダーには
カモフラージュ(迷彩)柄の
ハイカットもある。

↑
カモフラージュ版

PUMA SPRINT
プーマ スプリント

底が薄く細身のシルエットは、
1970年代のヴィンテージサイクリングシューズにインスパイアされた。

1970年に発売されると、プーマのベストセラーモデルの仲間入りを果たした。 現在も当時と同じくらいの人気を維持し、ヨーロッパ中の子どもたちが履いている。

足にぴったりフィットすることで、すばらしい履き心地を与えるが、ルックスも最先端でモダンに見える。 スタイリッシュさの決め手は内側に取り付けた面ファスナーと、柔らかいアッパーだ。

PUMA 500M
プーマ 500M

新しい名前で走る。

1980年の発売で、当時は「クロスカントリー」と呼ばれていた。 プーマ・フランスがクロスカントリーのランニング用に特別にデザインしたもので、当初はアウトソールにスパイクがついていた。 当時は特徴的な長いタンで知られていたが、これはクロスカントリーのコースに多い石やがれきから足を守るためだった。 新しいランニングシューズ版になって、名前も500Mに変わった。

500M

シューズデータ

発売
1980年

オリジナル用途
ランニング

写真のモデル
復刻版

備考
500Mは、最初は「クロスカントリー」と呼ばれていた。

シューズデータ

発売
1971年

オリジナル用途
トレーニング

写真のモデル
オリジナル

備考
ペレは、試合に出るときにはいつもトンネルを抜けてから靴ひもを結ぶのが習慣だった。

PUMA PELÉ BRAZIL

プーマ ペレブラジル

スポーツ界の真の偶像を祝福するためにデザインされた。

最も頻繁に話題に上ったエンドースメントモデルで、1970年代初めにリリースされると、スポーツ界に衝撃が走った。ペレは彼の時代の最高のサッカー選手との呼び声が高く、ブラジル人としての最多ゴール記録はまだ破られていない。彼のシグネチャーラインはプーマのあらゆる種類のシューズとアパレルに広まった。

鮮やかなブラジリアンカラーで製造されたが、基本部分を見ると、「スエード」と「ダラス」を掛け合わせてソールを修正したもののように見える。ソールのエッジに沿って縫い上げている糸がグリップ力を高める。しかし、軽量そうに見える見かけにだまされてはいけない。このシューズは頑丈な分だけ平均より重さが増している。

PUMA
ART OF PUMA

プーマ アートオブプーマ

モダンアートのレッスン。

このシューズのくねくねした落書きが2000年代の流行だと思ったとしたら、大間違い！ タンの「西ドイツ製」のスタンプが特徴のこのスニーカーの驚きのデザインは、日本で大人気になった。今も世界中のコレクターが探し求めている。

ART OF PUMA

シューズデータ

発売
1980年代

オリジナル用途
ライフスタイル

写真のモデル
オリジナル

備考
デザインと柄の異なる5種類のバージョンがある。

Reebok

REEBOK リーボック

イギリス発祥のリーボック帝国は、ひとつのごく基本的な理由から生まれた。それは人々がもっと速く走りたいと思っていたということだ。1890年代、ジョセフ・ウィリアム・フォスターはスパイク付きのランニングシューズを製造する最初の何人かのひとりになった。1895年までには、彼は地元のトップランナーたちのために手製のシューズを作っていた。彼の会社J・W・フォスター・アンド・サンズの顧客リストには、徐々に国際的なクライアントが増えていった。

1958年、創業者の孫2人がリーボック(アフリカのガゼルの現地名にちなんだ名前)として知られることになる姉妹会社を設立する。しかし、ターニングポイントが訪れたのは1979年のことだ。この年、アウトドアスポーツ用品の流通会社のパートナーだったポール・ファイアマンが、国際見本市でリーボックの製品を目にした。3年後、ファイアマンはリーボックの販売ライセンスを取得し、このブランドをアメリカ市場に紹介した。1981年には、リーボックの売り上げは150万ドルを超えていた。

1982年、リーボックは初の女性専用の運動シューズ「フリースタイル」(p.209)を発表する。これはリーボック史上で最もよく売れたモデルのひとつになった。リーボックはスポーツシューズ業界を変革する3つの大きなトレンドを予測し、後押ししていた。エアロビクス人気、スポーツやエクササイズをする女性の数の増加、そして、デザインのよいスポーツシューズを大人が街着やカジュアルウェアとして受け入れるようになったことだ。1980年代後半のリーボックは、ポンプテクノロジーの導入とともに次々と製品を市場に送り出した。その勢いは現在もヘクサライトやDMXのような、あらゆるフィットネス活動のための画期的なテクノロジーとともに継続されている。

1990年代末に、リーボックは世界の最も才能のある、刺激的なアスリート数人を厳選して提携するという戦略的な動きをとった。それからの数年間は、バスケットボール界の花形選手アレン・アイバーソンやテニスチャンピオンのヴィーナス・ウィリアムズなど、スポーツやフィットネスのトップレベルを代表するアスリートたちとの契約に集中した。

1992年には、個々の競技者のための新しいシューズスタイルと機能的アパレルラインを発表して、国際舞台にその存在感を示した。4年後には、アトランタ五輪の出場選手のうち、30%以上がリーボック商標のフットウェアやアパレルを身に着けていた。リーボックの目にスターとして映るのは、アスリートだけではない。2003年にはスーパースターのジェイ・Z(本名ショーン・カーター)と契約し、「S・カーター」ライン(p.227)を立ち上げることで新たな歴史のページを開いた。

REEBOK WORKOUT

リーボック ワークアウト

男性フィットネス市場へのリーボックの最初の動き。

シューズデータ

発売
1986年

オリジナル用途
フィットネス

写真のモデル
復刻版

備考
Hストラップ部分の穴を外してレースアップするのが人気のスタイルだった。

いつまでも人気が衰えない理由は、その完璧な公式にある。手ごろな値段で履き心地がよく、カラーバリエーションも豊富ということだ。1986年から継続的に製造が続けられてきたこのモデルは、多用途のフィットネスシューズとしてデザインされた。ウェイトトレーニング、軽いジョギング、エクササイズワークアウトに適している。

長年の間に、外観に関しては実験がなされてきた。アウトソールにはさまざまカラー、異なる形状が試された。アッパーも数多くのデザイン変更を経て、カモフラージュ柄やオールメッシュなども使われた。Hストラップの色にこだわったこともある。これこそ真のクラシックと呼べるモデルだろう。

REEBOK WORKOUT PLUS

リーボック ワークアウトプラス

ワークアウトをさらに洗練させた。

　1990年代初めのリリース以来、リーボックのクラシックラインで製造されてきた。カラーはつねにモノトーンだが、しばしば華やかにすることもあった。ホワイトに細部のブルーをあしらったカラーリング、やや攻撃的なスタンスとクリーンなラインが勝利の公式となった。

　Hストラップの上に3Mスタイルの反射素材のストリップを加えたことも成功だった。クラシックラインはイギリスの若者の間でとくに人気がある。

WORKOUT PLUS

シューズデータ

発売
1990年代

オリジナル用途
フィットネス

写真のモデル
復刻版

備考
アメリカとアジア市場ではヨーロッパよりもカラーが豊富だった。

REEBOK EX-O-FIT

リーボック エックスオーフィット

女性用「フリースタイル」の
男性版。

シューズデータ

発売
1987年

オリジナル用途
フィットネス

写真のモデル
復刻版

備考
リーボックUSAは1980年代にEX-O-FITを一連のカラーリングでリリースした。

フィットネス市場向けにデザインされたものだが、一般市場の定番モデルになった。デザインはシンプルでラインがすっきりしている。
ローカット版は女性用の「フリースタイル」に驚くほどよく似ている。一方、ハイカット版は見かけも感触も「ワークアウトプラス」のハイカットと似ている。アッパーは柔らかい衣服用の革を使い、ハイカットは厚いアンクルストラップが特徴だ。
ブランディングは最小限に抑えている。サイドパネルとヒールの上のリーボックのパッチが、メーカーを特定する唯一の手掛かりだ。2000年に再リリースされたが、ベーシックなブラックとホワイトのみに限定された。

REEBOK CXT

リーボック CXT

多目的フィットネスシューズへのリーボックの挑戦。

テニスからウェイトリフティングまで、さまざまなスポーツでの使用を意図して作られたシューズ。カスタムフィットのためのポンプテクノロジーが自慢で、ミッドソールのヘクサライトで優れたクッショニングを実現した。ミッドカット版はバスケットボールやテニスのような屋外スポーツでアンクルをサポートする。ホワイトレザーを基調にさまざまなカラーリングでリリースされたが、まだ再リリースはされていない。

シューズデータ

発売
1990年代

オリジナル用途
クロストレーニング

写真のモデル
オリジナル

備考
最初のCXTは「エネルギー還元システム」のクッショニング技術を搭載していた。

REEBOK FREESTYLE

リーボック フリースタイル

オリジナルのエアロビクス用シューズ。

ハイカットとローカットがあり、カラーも豊富。フィットネス分野で大きな成功を収めた。「プリンセス」という名前のよく似たシューズも作られたが、フリースタイルには遠く及ばない。

シューズデータ

発売
1985年

オリジナル用途
エアロビクス

写真のモデル
オリジナル／
カウプリント版

備考
リーボックの永遠の
ベストセラー。

↑
カウプリント版

Reebok

REEBOK SUPERCOURT

リーボック スーパーコート

なめらかなウェッジ型シルエットで、スピード狂。

どこから見てもデザインはクラシック。快適さとスタイルのバランスがとれたモデルだ。柔らかいレザーのアッパーがしっかりサポートし、セクシーな生ゴムのアウトソールがトラクションと耐久性を与える。

再リリース版はブラウン、ネイビー、サンドなどのクラシックカラーで、ナイロン、スエード、レザーといった素材を使った。クッショニングと快適さを増すためのダイカットのEVAソックライナーが特徴。

SUPERCOURT

シューズデータ

発売
1980年代

オリジナル用途
ランニング

写真のモデル
復刻版

備考
2004年にカモフラージュ版が発売された。

シューズデータ

発売
1989年

オリジナル用途
テニス

写真のモデル
復刻版

備考
2000年に再リリースされた。

REEBOK NEWPORT CLASSIC

リーボック ニューポートクラシック

テニスコートで チャンピオン気分を味わえる。

リーボックのコレクターの間でヒットし、すっきりしたラインと柔らかいレザーのため、夏にはとくに人気が高かった。

カラーは2種類で、オールホワイトと人気のクリーム色があった。ナブパターンのアウトソールはこのシューズの本来の目的が表れている唯一の部分だ。実際に、たいていの人はこのシューズがテニス用ではなくフィットネス用だと思っていた。

REEBOK CLASSIC NYLON

リーボック クラシックナイロン

「クラシック」のナイロンバージョン。
簡単そのもの！

アッパーは通気性のよいナイロンメッシュにスエードのトリム。彫りのあるEVAミッドソールは軽量ながらクッション性を増している。

複雑な作りのシューズではない。シンプルですっきりしたシューズを求める人たち向けのものだ。その考えは値段にも反映されている。カラーリングも同じように正攻法で、ネイビー／プラチナ、ホワイト／グレー、ブラック／ホワイトがある。

CLASSIC NYLON

シューズデータ

発売
1987年

オリジナル用途
ランニング

写真のモデル
復刻版

備考
2004年に、
新たなカラーリングで
再リリースされた。

REEBOK CLASSIC
リーボック クラシック

どこに行っても目に入った悪名高いシューズ。

「クラシック」のレザー版はカジュアルな消費者向けにデザインされた。すっきりとシンプルで履きやすい。明るいカラーと派手なテクノロジーを避けたこのモデルこそ、紳士のスニーカーだ!

長年の間に色揃えは増え、グリーン、ネイビー、ホワイト、レッド、ブラック単色も作られた。発売以来変わったのはカラーだけではない。スリップオンとハイカット版もあり、どちらもストラップなしでデザインされた。

2003年に作られた「シティ」版は、シースルーのアウトソールに落書きスタイルのイラストがあしらわれている。イギリスではかつて「パブシューズ」と呼ばれていたことがあり、どちらかといえば、好ましくないキャラクターと結びつけられてきた。言うまでもなく、この悪名の高さこそがストリートでの人気を呼んだ。

シューズデータ

発売
1987年

オリジナル用途
ランニング/カジュアル

写真のモデル
復刻版

備考
リーボックの永遠のベストセラーで、とくにイギリスで人気がある。

REEBOK
HXL

リーボック HXL

リーボックの熱狂的コレクターなら誰でも1足は持つ。

アーチとアンクルカラーに戦略的に配置された2つのポンプ室を通してカスタムフィットを提供。当時はリーボック唯一のランニングシューズだった。ミッドソールのヒール部分にカプセル化して組み入れたヘクサライトのクッショニングが特徴で、アウトソールのウィンドウを通して目で確認することができる。

サイドにある大きな赤いラバーボタンを押すと、エアが注入され、ぴったりとしたフィット感を与える。あまりの効果の高さに靴ひもは単なる付け足しになった。小さいほうの赤いボタンと押すとエアが排出される。もうひとつの優れた特徴は半透明のストラップだろう。

シューズデータ

発売
1993年

オリジナル用途
ランニング

写真のモデル
復刻版

備考
リーボックのポンプテクノロジーを最初に搭載したシューズのひとつ。

Reebok

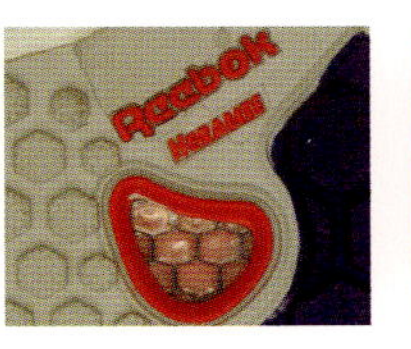
Reebok

pump

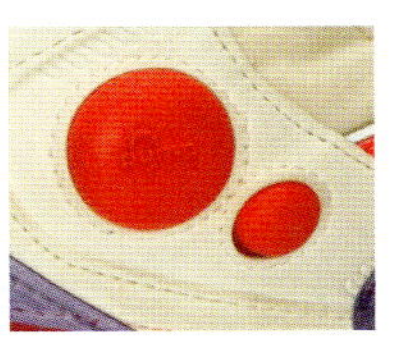

Reebok
GLOBAL
Reebok

REEBOK COURT VICTORY

リーボック コートビクトリー

**これほどのルックスの
シューズを手に入れたときに、
誰が「ポンプ」のことなど
気にかけるだろう?**

リーボックのポンプテクノロジーを採用したモデル。タン内部を膨らませるエア室と内側のアンクルサポートが特徴で、この2つの組み合わせでカスタムフィットを実現した。

しかし、ポンプだけが興奮させる特徴ではない。ヒールにはヘクサライトのテクノロジーも含まれる。

テニスボールと同色のグリーンを使ったのも気が利いている。2003年に再リリースされた。

シューズデータ

発売
1989年

オリジナル用途
テニス

写真のモデル
復刻版

備考
マイケル・チャンが
このモデルを履いていた。

COURT VICTORY

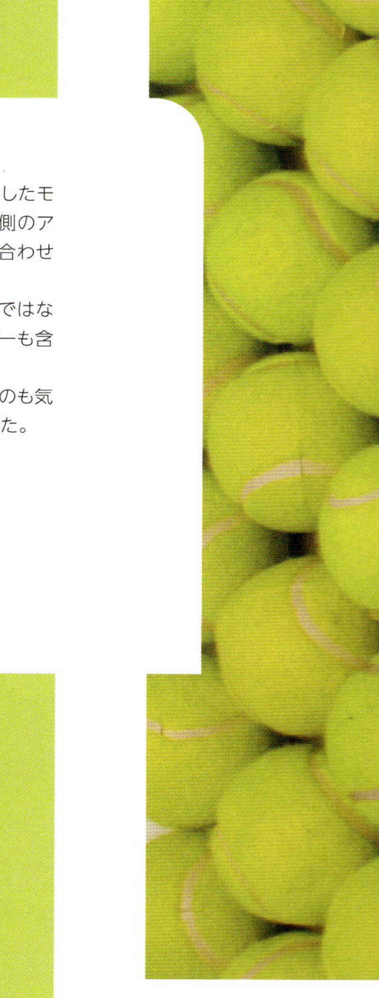

Reebok
pump

REEBOK INSTA PUMP FURY

リーボック インスタポンプフューリー

INSTA PUMP FURY

シューズデータ

発売
1993年

オリジナル用途
ランニング

写真のモデル
復刻版

備考
リーボックでは最軽量のモデルのひとつ。機能性とスタイリッシュなデザインを両立させた。

デザインの最先端。

ポンプラインを代表するシューズで、フルレングスのポンプテクノロジーを使った最初のモデル。膨らませたフロントパネルが足をしっかりと安全にサポートするため、靴ひもはまったく必要なくなった。このモデルは日本のコレクターの間でたちまち大ヒットし、ポンプフィーバーはすぐにヨーロッパへも広まった。ヨーロッパの消費者はこのシューズを自分のワードローブと組み合わせることを好んだ。

1996年に名前から「インスタ」を落とし、「ポンプフューリー」として再リリースされた。1993年のオリジナルに見られた欠点は、この新しいエディションでは解決されている。ソールにヘクサライトを加えたことで、前部が強く、より頑丈になった。

このシューズはさまざまなカラーリングで新鮮味を加えてきた。他の企業とのコラボレーションモデルもいくつか発売されている。そうしたプロジェクトのひとつとして、シャネル版も発表された。

REEBOK PRO LEGACY

リーボック プロレガシー

バスケットボールが世界を席巻したように、プロレガシーも市場を席巻した。

NBAのスター選手たちの名前が世界中に知れ渡るようになった1980年代、リーボックもバスケットボール市場に足掛かりをつかもうとしていた。まだ市場がナイキとコンバースに支配されていたころのことだ。そこで、リーボックはNBAチャンピオンとボストン・セルティックスの2人のスターにアプローチした。ダニー・エインジとデニス・ジョンソンだ。彼らは1986年にナイキからリーボックに契約を乗り換え、その後の歴史は誰もが知るとおりだ。

プロレガシーはエインゲとジョンソンも履いたモデルで、ハイカットとローカット版があり、カラーバリエーションも豊富だった。ホワイト／ブラック／ゴールドと、ホワイト／グリーン／ブラックが最も人気がある。2003年にオリジナルのカラーで再リリースされた。

シューズデータ

発売
1980年代

オリジナル用途
バスケットボール

写真のモデル
復刻版

備考
2003年にアーガイル柄のスケートボード特別版が作られた。

PRO LEGACY

REEBOK PUMP OMNI

リーボック ポンプオムニ

シンプルだが効果は抜群。

1991年のオールスター・ダンクコンテストではこのポンプオムニが主役だった。コンテストで優勝したボストン・セルティックスのディー・ブラウンがポンプオムニライトを履いていたからだ。

アンクルカラー部分に内蔵された空気室が最高の快適さとフィット感を与える。だが、このシューズに見られるイノベーションはそれだけではない。ポンプオムニライトにはヘクサライトテクノロジーも搭載され、アウトソールの底のウィンドウを通して目で確認することができる。

2002年に再リリースされ、2003年にはバスケットボールのチームカラーに合わせたものを含め、さまざまな新しいカラーリングも登場した。2004年、リーボックJPSEがヌバックとスエードというまったく異なる素材を使って、特別アウトドア版をリリースした。

PUMP OMNI

シューズデータ

発売
1991年

オリジナル用途
バスケットボール

写真のモデル
復刻版

備考
オムニライトSEは、サイドパネルにレザーではなくメッシュを使っていた。

REEBOK COMMITMENT

リーボック コミットメント

コート上の権威。

シューズデータ

発売
1989年

オリジナル用途
バスケットボール

写真のモデル
復刻版

備考
1980年代後半に
ボストン・セルティックス
の選手たちがこのモデルを
履いていた。

コミットメントはバスケットボールコートに強烈なインパクトを与えた。 ハイカットとローカット版があり、サイドパネルのリーボックのロゴが大きい。 フォアフットのストラップは足をしっかり保護するためのもので、アウトソールの外に張り出したフレア部分が安定性を加える。

カラーバリエーションは豊富だったが、クラシックのブラック／ホワイトのハイカットがベストな選択だ。 2003年に同じカラーラインナップで再登場した。

REEBOK ALIEN STOMPER

リーボック エイリアンスタンパー

エイリアンもこのシューズには太刀打ちできなかった。

もともとはジェームズ・キャメロン監督の1986年の大ヒットSF映画『エイリアン』のために作られた。劇中で主演のシガニー・ウィーヴァー演じる生真面目なエレン・リプリー大尉がこのシューズを履いていた。

1年後、リーボックはこのモデルを地球上に持ち帰ったが、製造数が限られていたために、ファンにとっては探し当てること自体がミッションになった。ひもなしのアッパーが未来的なスタイルを演出し、リブ状のタンとダブルストラップが宇宙的なインスピレーションを表現している。

このシューズの目的はつねにちょっとした謎だった。2003年に日本で再リリースされた。

シューズデータ

発売
1987年

オリジナル用途
宇宙旅行

写真のモデル
オリジナル

備考
2004年に日本のスニーカーショップ「アトモス」との特別コラボモデルが発表された。

REEBOK AMAZE
リーボック アメイズ

驚きの要素を持つシューズ。

1980年代末にハイカットとローカット版が発売された。ハイカットはアンクルストラップが特徴で、2002年に新たなカラーリングで再リリース。いわゆる「インターナショナル」シリーズも限定数ながら発売された。

柔らかいレザーのアッパーは快適さとサポートを与え、モールデッド製法のソックライナーとフルカップのウォールがさらなるクッショニングを提供する。ラバーのアウトソールでトラクションと耐久性を高めた。

シューズデータ

発売
1980年代

オリジナル用途
バスケットボール

写真のモデル
復刻版

備考
2004年に限定版の「プエルトリコ」モデルが発売された。

REEBOK S. CARTER

リーボック エス・カーター

歴史がつくられる瞬間。

2003年に発売されたエス・カーターは、リーボックが芸能人とエンドースメント契約を結んだ最初のモデルだった。スポーツとセレブが融合したこのコレクションは、ヒップホップ界のスターでラッパーのジェイ・Z（本名ショーン・カーター）と、リーボックの才能あふれるRbk（リーボックのレーベル）のデザイナーたちのコラボレーションだ。

エス・カーター最初のモデルはソフトレザー、ディテール部分の色遣いが特徴で、豊富なカラーバリエーションで製造された。デザインは1980年代のグッチのフットウェアに似ている。2004年にはブラウン／ベージュのキャンバス版が発表された。ミッドカット版も同じ年に発売されている。

S. CARTER

シューズデータ

発売
2003年

オリジナル用途
ライフスタイル

写真のモデル
オリジナル

備考
2004年にはアンクルストラップが特徴の新しい「エス・カーターMID」も市場に登場した。

REEBOK G UNIT G-6

リーボック GユニットG6

あまりの人気に初回製造分はほんの数日で売り切れた。

2003年の発売。Rbkの「Gユニット」コレクションの最初のモデルだった。これはリーボックとヒップホップ界のスーパースター、Gユニットとのコラボレーションの成果だ。

スタイリングは徹底的に派手さを避けている。これがコラボ企画だとわかるのは、サイドパネルとタンのレタリングのみ。G6の後継バージョン（G6アイス）はシースルーのアウトソールが特徴だった。

G UNIT G-6

シューズデータ

発売
2003年

オリジナル用途
ライフスタイル

写真のモデル
オリジナル

備考
Gユニットは男性用、女性用、キッズと幼児用が発売された。

VANS®

ブランドヒストリー

VANS バンズ

ポール・ヴァン・ドーレンはアメリカ東海岸でスニーカー作りを学び、その後、バンズを設立した。ブランドの背景にあるアイデアは、顧客に直接販売することで中間の小売バイヤーを省き、製品をより安く提供することだった。1966年、ポールはジム・ヴァン・ドーレン、ゴーディ・リー、セルジュ・デリーアの3人のパートナーとともに会社をカリフォルニアに移し、バンズの工場を設立。最初のバンズの店舗が開店し、3種類のデザインのシューズを売った。

1970年代半ばにかけて、スケートボードが人気の娯楽スポーツになると、バンズはほとんどのスケートボーダーの選択するシューズとして、その地位をしっかりと固めた。スケーターたちが製品についてフィードバックを与え、新しいカラーとコンビネーションをリクエストするようになり、その結果、バンズはスケーターがデザインしたシューズを作り始めるようになった。それがERA(エラ)ラインだ。プロの2人の有名スケーター、ステーシー・ペラルタとトニー・アルヴァからのインプットは、バンズがスケーターたちのニーズに耳を傾けるメーカーであることを証明した。

1980年代には、野球やバスケットボールなどの他のスポーツ用のシューズにも幅を広げた。しかし、新しいラインで利益を上げようと投資を続けたものの、製造コストよりも安い値で売るような状況に陥る。これは悲惨な結果を招き、バンズは破産申請を余儀なくされた。

再建後、会社は1988年にマッカウン・ドレーウ社に売却され、ブランドは新たな命を与えられた。1990年代半ばには、バンズが先駆者として開発した伝統的な加硫テクニックのコスト効率が悪くなったことで、アメリカからアジアへと拠点を移す。

バンズの「ハーフキャブ」(p.231)は、伝説のプロスケーター、スティーヴ・キャバレロにちなんだもので、最もよく知られるスケートシューズのクラシックとなった。「チャッカ」などの他のモデルも1990年代初めの“カットダウンシューズ”流行の間に大人気となった。“カットダウン”は、スケーターたちがジーンズを足首あたりでカットして、シューズから2～3センチ上にくるように糊づけし、ほつれるのを防いで履いたスタイルだ。これによって足首あたりに余裕ができ、細かいフリップ等のテクニックの間に動きやすくなった。現在、このブランドはジム・グレコ、ジェフ・ローリー、ジョン・カーディエルや、まだ若いバスティアン・サラバンジやフロ・マーファンなど、世界を代表するスケーター何人かのスポンサーを務めている。

VANS ERA

バンズ エラ

スケーターにインスパイアされ、バンズが作った。

シューズデータ

発売
1976年
オリジナル用途
スケートボード
写真のモデル
復刻版
備考
オリジナルのカラーは、ネイビー／レッドのツートーン。これにネイビー／イエローとネイビー／ライトブルーも加わった。

ERA

プロスケーターのステーシー・ペラルタ、ジェイ・アダムズ、トニー・アルヴァ(悪名高きZボーイズ／ドッグダウンのスケートクルーたち)がバンズに協力してエラが作られたとき、バンズはすでにスケーターたちの間で確固たる人気を得ていた。エラはスケートボード専用にデザインされた初期のシューズのひとつとなった。

1976年3月にリリースされると、すぐさまベストセラーとなり、需要に供給が追いつかないこともしばしばだった。オリジナルの「44」モデルを複雑にしたエラは、パッド入りのエッジとカラーが特徴で、バンズの「Off The Wall」のロゴが入った最初のシューズだった。

バンズは1980年代にはBMX(競技用自転車)ライダーにも人気となった。ソールは平地のフリースタイルの間にタイヤを感じられるほど十分に柔軟性があるが、過酷なレースとダートジャンプに耐えられるほど頑丈でもあった。

VANS HALF CAB

バンズ ハーフキャブ

象徴的存在のためのクラシック。

　オリジナルのシグネチャースケートシューズとして、その後のスニーカー技術の驚くほどの進歩に直面しながらも時代の流れを生き残った。薄いソールはスケーターが足の下のボードを感じられるほどだが、驚くほど長持ちした。 サイドのダブルステッチのプロテクション部分はフロントエンドをすっきりと保つ。

　オリジナルのハイカットはスケートボードの“カットダウン”時代を代表するシューズになった。 カスタマイズの流行に乗って作られたハーフキャブは、当時のスケーターたちが自分でやろうとしていたことを優れた技術で達成したものだ。

HALF CAB

シューズデータ

発売
1985年

オリジナル用途
スケートボード

写真のモデル
復刻版

備考
10年以上人気を維持した数少ないシューズのひとつ。この真のスケートクラシックはバンズのブランド再興の立役者だった。

VANS
SK8 HIGH

バンズ SK8ハイ

ほぼ30年、
スケートボーダーたちの
揺るぎない支持を得てきた。

バンズはこのモデルのデザインに、スケーターに多い足首のけがを防ぐためのパッド入りカラーを加えた。 多くの子どもたちがスケートパークで斜面からジャンプするときにけがをしていたのだ。

クラシックの「オフ・ザ・ウォール」アウトソールは耐久性があったが、トウの通気をよくすることで足がむれて汗をかくのを防いだ。 フロント部分のスエードのサイドプロテクションでアッパーが裂けるのを防ぐ一方、キャンバス地のサイドパネルはシューズの柔軟性を保った。

このモデルはスケートボード用として優れているだけでなく、アメリカのハードコアパンクやロック少年たちのワードローブのクラシックアイテムともみなされている。 ギャング・グリーン、スイサイダル・テンデンシーズ、サークル・ジャークスなどのバンドがSK8を必需品にした。 ソーシャル・ディストーションもバンズとのコラボレーションで独自のバージョンを作った。 これはベーシックモデルだが、まったく変更を必要としない。

シューズデータ

発売
1970年代

オリジナル用途
スケートボード

写真のモデル
復刻版

備考
世界のベストスケーターたちがこのモデルを履いた。 現在の多くのデザインほどの保護とパッドはないが、よく持ちこたえている。

VANS SLIP-ON
バンズ スリッポン

バックサイド・リップスライドから BMXフリースタイルまで、このシューズが姿勢を正しく保つ。

キャンバス地のアッパーを持つこのクラシックデッキ／スケートシューズは、もう何十年も履かれ続けているように思えるが、この分野のリーダーとして今も君臨している。スケートシューズのテクノロジーはその間にかなり進歩したが、ハードコアのスケーターの何人かは今もスリッポンを履いている。

すべてはその主張にある！ 無数のカラーコンビネーションと柄――チェックボード、炎、ヤシの木、髑髏、旗など――が、このシューズにとっての勝利の公式だったようだ。

これまで多くの企業とコラボレーションし、Xガール、アディクト、タイトーコーポレーション、ドッグタウン、サイラス、ビームス、さらにはウォルト・ディズニーのようなブランドと、限定カラーモデルを出してきた。

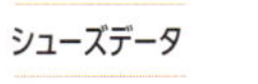

シューズデータ

発売
1973年

オリジナル用途
スケートボード

写真のモデル
復刻版

備考
古きよき時代に、バンズはオーダーメイドのスリッポンを作り、顧客の特別なカラーや素材のリクエストに応えていた。

SLIP-ON

↑
タイトー・スペースインベーダーとのコラボ版

そして忘れてはいけないのが……

スニーカー界の他のプレイヤーたち。本書でここまで紹介してきた他のブランドほど大きな名声は得られなかったかもしれない。しかし、いずれもシューズ業界で一定の役割を果たしてきた。ユーイングのようにすでに存在しないブランドもあれば、ア・ベイシング・エイプの「ベイプスタ」のような限定版の“レア”シューズもある。独自のスタイルとテクノロジーを持つこれらのブランドは、業界に何か独創的なアイデアを持ち込んだという理由で本書に含めることにした。これから紹介するもののなかには、本当に優れたモデルもあれば、みなさんが聞いたこともないモデルもあるかもしれない……

シューズデータ

発売
1984年

オリジナル用途
ランニング

写真のモデル
復刻版

備考
レザー版もある。
2003年にオールスエードの「ジャズLX」が発表された。

SAUCONY
JAZZ
サッカニー ジャズ

クリーンなライン、すばらしい色、
スエードの完璧なコンビネーション。

このクラシックランニングシューズのアッパーはナイロンとスエード製。ラバーアウトソールのパターンが、優れたトラクションを与える。これはまったくのオリジナルで、他のランニングシューズにはそれまで見ることがなかったものだ。

カラーバリエーションは豊富。日本のカルト的スニーカーショップ「アトモス」、衣料レーベルの「スワッガー」とのコラボレーションで特別版が作られた。デニムとレザーという組み合わせがおもしろく、収集価値はきわめて高い。日本だけの発売でわずかな数しか生産されなかったからだ。ジャズはサッカニー最大のベストセラーシューズとして今も変わっていない。

SAUCONY HANGTIME

サッカニー ハングタイム

抜きんでて優れたモデル。

HANGTIME

シューズデータ

発売
1987年

オリジナル用途
バスケットボール

写真のモデル
復刻版

備考
1960年代に、サッカニーはNASAの宇宙飛行士用のフットウェアを製造した。

サッカニーの最古参部門のスポットビルトが製造したモデル。高パフォーマンスバスケットボールシューズで、豊富なカラーバリエーションでリリースされた。

2000年にはサッカニーの名前で再発売されている。この復刻版は新しいカラーと、スエードとヌバックなどの新素材が特徴だった。

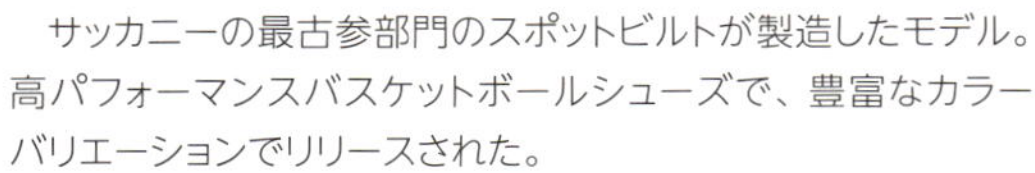

↑
ローカット版

K-SWISS CLASSIC

ケースイス クラシック

クラシックの特徴的なルックス
——5本のバンドとDリング——は
当時としてはめずらしく、ハードコアのファンを生んだ。

1966年の発売で、一枚のラバーアウトソールを持つ最も初期のテニスシューズだった。補強されたトウピースがもうひとつの驚くべき特徴だ。

CLASSIC

シューズデータ

発売
1966年

オリジナル用途
テニス

写真のモデル
復刻版

備考
最初はオールホワイトのみだったが、長年の間にさまざまなカラーが加わってきた。

EWING REFLECTIVE
ユーイング リフレクティブ

カラーは豊富だったが、ニューヨーク・ニックスのチームカラーである
オレンジとロイヤルブルーのスエードがとくにスタイリッシュだった。

このどっしりとしたバスケットボールシューズはユーイングでは最も人気のモデルだ。伝説のバスケットボール選手、パトリック・ユーイングにちなんだ名だが、本人はすでに引退している。ベルクロストラップ――専門用語では「交換可能なフロント／リアファスナー」が、ちまたで評判になった。

履くときにはストラップをフロントで留めることもリアで留めることもできる。どちら側で留めるかによって、ラバー製の「33」のバッジがフロントかリアに見えるようになる。

バック部分にある大きく大胆なユーイングのレタリングは見逃しようがない。ローカットのレザー版もあり、アンクルカラーの上のラバーのバスケットボールで見分けがつく。

シューズデータ

発売
1980年代

オリジナル用途
バスケットボール

写真のモデル
オリジナル

備考
ストラップの「33」は、パトリック・ユーイングのジャージナンバー。

トゥループ プロモデル

無一文から大金持ちへ。 そして再び地に堕ちた。

ラッパーから全面的に支持された数少ないスニーカーのひとつ。LL・クール・Jが自発的にトゥループのシューズを履き始め、それを知ったトゥループが彼と契約した。

プロモデルはこの環境から開発されたモデルで、スニーカーを新たなレベルへと引き上げた。フェイクのワニ革プリント、赤いプラスチックの“ジョイント”、ゴールドのトゥループとLL・クール・Jのロゴ……これは特別なシューズだ！

市場で見かける最も奇抜なハイカットであることは別として、このモデルのデザインは特別なテクノロジーには頼っていない。厳密にファッションのためのシューズだ。言うまでもなく、スニーカー世界では長く生き残らなかった。期待外れのうわさが広まるにつれ、ちりと消えていった。

PRO MODEL

シューズデータ

発売
1988年

オリジナル用途
バスケットボール

写真のモデル
オリジナル

備考
2003年に再発売されたが、同じだけのインパクトを市場に与えることはできなかった。

DIADORA
BORG ELITE

ディアドラ ボルグエリート

最高の中の最高。

BORG ELITE

シューズデータ

発売
1978年

オリジナル用途
テニス

写真のモデル
オリジナル

備考
ボルグの顔がプリントされた特別な袋入りで売られた。

カンガルーレザー製で、スウェーデンのプロテニス選手ビョルン・ボルグにちなむ。 ボルグの才能に目を留めたイタリアのブランドが、このシグネチャーモデルを彼のために特別に作った。 復刻版も悪くはないが、ボルグのサインをあしらったオリジナルのほうが、はるかに優れている。 多くのサッカーカジュアルにとって、このシューズはアディダスの「トリムトラブ」などと比べても、一歩も引けをとらなかった。

LACOSTE
TRIBUTE EMB
ラコステ トリビュートEMB

ポイントをとらえたシューズ。

1933年創業のラコステは、スポーツシューズよりはワニのワンポイント刺繍の入ったポロシャツで有名だが、このモデルでは大きな成功を得た。EMBはアウトソールスタイルを極限へと導いた。

これは目利きのためのスニーカーで、ストリートレベルでは今も一目置かれている紳士のためのシューズだ。リーボックの「ワークアウト」や「ニューポートクラシック」と似たシェイプを持つが、クリーンなライン、控えめなブランディング、厚いゴムのアウトソールのコンビネーションが際立つ。攻撃的なスタンスはスケートボード用シューズのようにも見える。

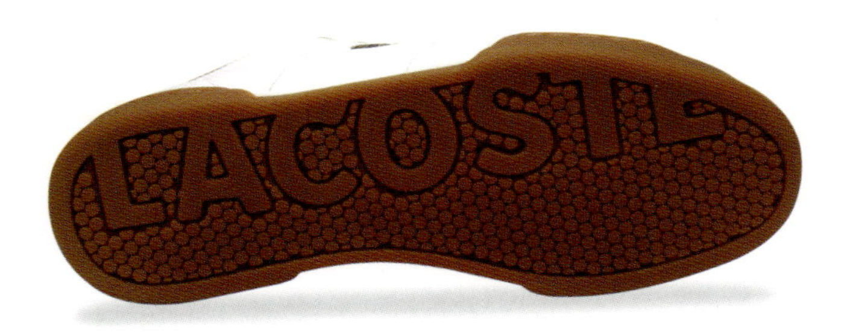

シューズデータ

発売
1980年代

オリジナル用途
トレーニング／ライフスタイル

写真のモデル
復刻版

備考
ラコステのもうひとつの優れたモデルに「リフレックス」がある。

TRETORN NYLITE
トレトン ナイライト

1980年代の必需品。

スウェーデンのヘルシングボルグでデザインが開発されたシューズ。そこで1977年まで製造が続けられたが、トレトン社の西半球での販売権がコルゲート・パーモリーブ社に売却されたため、それ以降、製造拠点はアメリカに移った。

トレトンのシンプルなスニーカーは最初に市場に現れた贅沢なスポーツシューズだった。アメリカでは1980年代を通して大学キャンパスでの必需品で、学長も学生も同じように好んで履いていた。

シューズデータ

発売
1965年

オリジナル用途
テニス

写真のモデル
復刻版

備考
ウィンブルドンを5度制したビョルン・ボルグが1970年代にアメリカでの試合で履いていた。クリス・エヴァートもこのシューズで何度か勝利したことがある。

ガルヴィング クラシック
　2001年のナイライトシリーズの再発売のときにそのひとつに含められた。シンプル、クリーンなスタイル、贅沢さのブレンドが成功した。

XTL
　1964年にリリースされた、初期のレザー製パフォーマンステニスシューズ。世界的に有名なアメリカのテニス界のスター、ビリー・ジーン・キングが1970年代初めにこのモデルを履いてコートを支配した。

テニー
　1936年ごろに最初に製造されたモデル。もとはテニス／レジャー用トレーニングシューズとしてスウェーデン軍に売られていたもので、新兵全員に基本装備の一部として1足支給された。

A BATHING APE BAPESTA

ア・ベイシング・エイプ ベイプスタ

色遣いがぱっと目に入る。

日本の衣料会社ア・ベイシング・エイプは1993年の創業。ベイプスタはナイキの「エアフォース1」にインスパイアされたモデルで、アジア地域の「フットソルジャー」とア・ベイシング・エイプの直営店「ビジーワークショップ」でしか手に入らなかった。

ナイキ「エアフォース1」とほとんど同じだが、その驚くべきカラーリングで差別化を図り、世界的にアピールすることに成功した。コンビネーションは見事の一言。うわさによれば、各色100足ずつしか作られなかったらしい。

シューズデータ

発売
2002年

オリジナル用途
ライフスタイル

写真のモデル
オリジナル

備考
ア・ベイシング・エイプにはプーマの「スエード」の影響を受けたシューズがもう1種類ある。

APE

1917
CONVERSE ALL STAR
1964
ADIDAS STAN SMITH
1968
PUMA SUEDE
1987
NIKE AIR MAX
1985
NIKE AIR JORDAN
1985
NIKE AIR SOCK RACER
1988
TROOP PRO MODEL
1988
ADIDAS ZX 8000
1990
FILA HIKER
2004
ADIDAS ULTRARIDE
2000
NIKE SHOX R4
2000
NIKE AIR PRESTO

1969
ADIDAS SUPERSTAR

1971

PRO-KEDS ROYAL PLUS

1972

ADIDAS SL 72

1973

VANS SLIP-ON

1974

NIKE WAFFLE RACER

1984

ADIDAS MICRO PACER

1991

NIKE AIR 180

1991

ADIDAS EQUIPMENT RACING

1991

NIKE HUARACHE

1993

REEBOK PUMP FURY

1994

PUMA DISC

1995

NIKE AIR MAX 95

adidas
adidas
PUMA
NIKE
CONVERSE
Reebok

コレクターズガイド

典型的なコレクターというものは存在しない。
人によって実にさまざまだ。ブランドであれ特定の色であれ、
自分の好きなシューズのコレクションを楽しむ人もいれば、
レコードやフィギュアなどのコレクションと同じように、
とにかくスニーカーを集めるのが好きな人もいる。

コレクションのスニーカーを一度も履くことなく、新品同様のまま箱に入れておく(コレクター用語では「デッドストック」と呼ぶ)人もいれば、購入するスニーカーすべてを履く人もいる。多くのコレクターは同じものを2足買い、1足はデッドストックとして保存し、もう1足を日常使いとして履いている。

つまり、こういうことだ。何をするのもあなた次第! 優れたシューズは自ら主張する。それは、見る人それぞれが判断することだ。それでも、コレクション構築とそのケアについては、従うべきシンプルなヒントがいくつかある。

どこで買うか

以前は、一般的なスポーツ店では本格的なスニーカーヘッドを満足させるほどの品ぞろえは期待できなかったが、今では状況は変化した。スニーカーを集めるファンの数がどんどん増えてきたからだ。復刻版や製造が続けられてきた定番スニーカーを手に入れたければ、在庫が豊富でうまく経営されている地元のスポーツ店に行けば、欲しいものは何でも手に入る。しかし、オリジナルやレアモデルや限定版が欲しければ、もっとほかの場所を探すことになるだろう。これらの限定版や"レア"なコラボ版は、ロンドンなら「フットパトロール」、ニューヨークなら「エーライフ」などのショップで見つけることができる。

本当に熱心なコレクターにとって、スニーカー探しを最も楽しめる方法は、時間をかけてリサイクルショップやフリーマーケットを訪ねることだろう。めぼしいものはこれといって見つからないことがほとんどだが、ごくたまに、本当のお宝がよそで買うときの値段のほんの何分の一かで手に入ることもある。最初にある程度の基礎作りに投資しておけば、特別なものを見つける満足感は計り知れない。

インターネットの登場がスニーカーコレクターの世界をがらりと変えた。かつては考えられなかったような形でコレクター同士の交流が可能になっただけでなく、スニーカーを買える場所が驚くほど広がった。大手ストアはどこも自社ウェブサイトを開設しているし、スニーカーの取引を専門にしているウェブサイトもたくさんある。オークションが好きな人なら、つねにイーベイ(eBay)がある。これらの情報源については、254ページにリストを掲載している。

何を買うか

かけるのは時間だけにして、お金のかけすぎには注意しよう。よく考えずに飛びつく前に、時間をかけて内容の豊かなコレクションを築くほうが、はるかに懐にやさしい。再リリース版、新しいデザイン、デッドストックなど、提供される商品の本当の価値をたっぷり時間をかけて考えよう。流行に惑わされてはいけない。見かけ倒しの品や細部にこだわりの感じられない再リリース版(もちろんノーブランド品も)は避けること。スニーカーウェブサイトのレビューやフォーラムをチェックすることは、どの方向に風が吹いているかを見極める方法として優れているが、その先は自分の勘を頼りにしよう。もしあなたが特定のブランドや特定のスタイルが好きなら、それを買えばいい。

多くの人が旅行中に入手したスニーカーを売買することで生計を立てている。したがって、コレクターの間には強いライバル意識が芽生える。ここでも、254ページのウェブサイトのリストが、その世界に足を踏み入れるための優れた情報源になるだろう。

ヒントとミニ情報

時には、そのスニーカーがオリジナルで復刻版ではないことを確かめるのがむずかしいこともあるが、シューズ自体に手掛かりがあることも多い。古いオリジナルのアディダスはヨーロッパで作られ、フランス製がとくに人気がある(イタリア、オーストリア、ユーゴスラビア、ドイツ製も個性がある)。プーマのスニーカーも同様のラベリングシステムを持ち、古いオリジナルは西ドイツとイタリアで製造されたものだ。オリジナルのアディダスのタンは、そのシューズがどこで作られたものかを教えてくれるが、オリジナルに近い復刻版もあるので注意が必要だ。たとえば、アディダス「スーパースター」の復刻版はタンの上のラベルがオリジナルのフランス製のものと同じように見えるが、注意して見てみると、実際はベトナム製だとわかる。

ナイキのシューズにはタンの裏側に6ケタのコードが刻印されている。最後の2ケタが製造年だ(1995年なら95、2004年なら04)。タンの裏側を見ることで、そのシューズがどこで製造されたかもわかる。

一部のシューズで使われている素材は、経年とともに劣化する。とはいっても、それであなたのスニーカーの価値がゼロになるわけではない。ただし、アウトソールにPU(ポリウレタン)を使っているシューズ、とくに1970年代から80年代初期にかけて製造されたシューズは、ソールが裂けてくだけてしまいやすいので履かないほうがいい。

コレクションのケア

購入後もシューズを大事にしたいなら、手入れが欠かせない。簡単なルールがいくつかある。箱に入れたまま保存しておけば、きれいに整理され、よい状態を保つことができる。ただし、あなたがそうしたければ、箱から出した状態で良好な状態を保つこともできる。せっかくのシューズを隠しておく必要はないのだから。しかし、最近のたいていのコレクターアイテムがそうであるように、どんなシューズも元箱があったほうがコレクターにとっての価値が高まる。ブランドが使う外箱のデザインは数年ごとに変わることが多いため、シューズの製造年と製造国の手掛かりになる。本物のデッドストックであることを証明するものにもなる。だから、コレクションをどう見せるのであれ、外箱は捨てずにとっておこう。一部のシューズではパッケージがとくに重要で(複雑にもなる)(151ページのナ

イキ「エアプレッシャー」を参照)、時には紙の箱ではないこともある。極端なスニーカーコレクターの中には、自分のコレクションを冷蔵庫に入れている人たちもいる。そこまでやる必要はないが、すべてはあなたの考え次第だ……。

重要な情報をもうひとつ。もし自分のコレクションの価値を維持したいなら、シューズを買ったときの状態を保たなければならない。つまり、オリジナルの靴ひも、パッケージ(箱の中のティッシュや販促素材を含む)、インソール(またはソックライナー)のような取り外し可能なアイテムをなくしたり、交換したりしてはいけない。それをすると、シューズの価値が大きく損なわれる。

人々がよくたずねる質問は、スニーカーをきれいにする方法だ。せっけんとぬるま湯で手洗いする、歯ブラシとしみ抜きを使って縫い目の汚れを取るなどの簡単な方法でも、十分な効果がある。とくにレザーのシューズの場合などは――アディダスの「スーパースター」(p.28-29)など――こうした方法でクリーニングしたあとは新品のように見える。洗濯機で洗うのも、靴ひもを買ったときの状態に戻すには効果的だ。デリケート素材用の袋に入れれば(下着やストッキングを洗うときに使っているもの)、洗濯機のドラムの穴に引っかかるリスクを防ぐことができる。特定のシューズは靴自体を洗濯機に入れてもかまわない(しかし、最初に洗濯機使用がOKかどうか確認すること)。しみ抜き剤や漂白剤を加えれば、白いシューズが元の状態を取り戻すことができる。

ただし、回転式乾燥機にシューズを入れて乾燥させる誘惑には屈しないこと。シューズは必ず室温で自然乾燥させる。くしゃくしゃにした新聞紙を中に入れて水分を吸収させるといい。また、スニーカーはつねに直射日光を避けて保存するようにする。日に当たると急速に色があせてしまうからだ。

最後に、シンプルなルールをもうひとつ。スニーカーはローテーションを組んで履くと、すべてのペアが等しく履き古され、特定のモデルだけを履きつぶすことがなくなる。1足が早くだめになれば、新しいシューズを買わなければならないということだ……。

INDEX

文・デザイン：

アンオーソドックス・スタイルズ (UNORTHODOX STYLES)

ロンドンを拠点とするクリエイティブ・エージェンシー。1999年、カルチャーとデジタルテクノロジーへの情熱を共有する型破りなクリエイターが集まり結成された。グラフィックデザイン、ウェブデザイン、写真・動画制作を中心に、総合的マーケティングキャンペーン、エディトリアルコンテンツ等を手掛ける。クライアントにはアディダス、リーボック、日産自動車、ギネスなど、世界の一流企業が名を連ねる。スニーカー総合WEBサイトcrookedtongues.comのプロデュースにも携わった。

翻訳：

田口 未和 (たぐち みわ)

上智大学外国語学部英語学科卒業。新聞社の写真記者を経て、フリーランスの翻訳者となる。訳書に、『デジタルフォトグラフィ』(ガイアブックス)など。

スニーカー SNEAKERS THE COMPLETE COLLECTORS' GUIDE

発　　行　2015年3月1日
発 行 者　吉田　初音
発 行 所　株式会社**ガイアブックス**
〒107-0052 東京都港区赤坂1-1-16 細川ビル
TEL.03(3585)2214
http://www.gaiajapan.co.jp

ISBN978-4-88282-934-8 C0077

ACKNOWLEDGEMENTS

THANKS TO EVERYBODY WHO HELPED TO MAKE THIS BOOK HAPPEN.

GARY ASPDEN, MIKE CHETCUTI, ANGELA DOLAN, KARMELA AND ALL AT ADIDAS UK. HELEN SWEENEY-DOUGAN, ALISON DAY AND ALL AT PUMA UK. ROBERT WARD AND ALL AT NEW BALANCE UK. JO AT REEBOK UK. FRASER COOKE, DRIEKE LEENKNEGT, KEMI BENJAMAN, AND ALL AT NIKE UK. PETE, KOHEI AND ALL AT FOOT PATROL. RICH, CAT AND CRAIG AT A BATHING APE. JAMES GREENFIELD AND ANTONY BOOTH AT OFFICE UK. ROBERT BROOKES, KEV FREEL, NATHAN ABBOTT, TONY PENFOLD, GRAHAM KERR, LISA PIERCE, MARK BUTLER, SPORTS AND THINGS, MY TRAINERS, SMARTEY, PETE THE BEARD, BEEHIVE STUDIOS CAMDEN, SKATE OF MIND, JOHN AND MARSHALL LAUNDRY, MAXSEM AND JEREMY AT PRIMITIVE, ROY AND DEAN.